高等职业教育产教融合特色系列教材

数控编程与操作
（含多轴）

主　编　颜国霖

副主编　李佳新　柯桂颜

参　编　刘伟宝　周伟杰

北京理工大学出版社

BEIJING INSTITUTE OF TECHNOLOGY PRESS

内 容 简 介

本书针对高等职业院校数控技术应用人才培养目标和教育对象的特点，根据数控技术领域职业岗位群体的需要，以典型零件为载体，以"工学结合"为切入点，以工作过程为导向，采用任务驱动教学法编写，采用任务工单，融入素养教学。本书主要内容包括数控车床编程与加工、数控铣削编程与加工、多轴机床编程与加工等模块。

本书既可作为高等院校、高职院校机械制造及自动化、数控技术、机电一体化等专业的教学用书，也可作为企业数控加工技术人员的参考书或培训教材。

图书在版编目（CIP）数据

数控编程与操作：含多轴／颜国霖主编. －－北京：北京理工大学出版社，2024.5（2024.7 重印）

ISBN 978 － 7 － 5763 － 4143 － 0

Ⅰ. TG659

中国国家版本馆 CIP 数据核字第 2024NN5306 号

责任编辑：多海鹏 **文案编辑：**多海鹏
责任校对：周瑞红 **责任印制：**李志强

出版发行 ／ 北京理工大学出版社有限责任公司
社 **址** ／ 北京市丰台区四合庄路 6 号
邮 **编** ／ 100070
电 **话** ／（010）68914026（教材售后服务热线）
       （010）68944437（课件资源服务热线）
网 **址** ／ http：//www. bitpress. com. cn

版 印 次 ／ 2024 年 7 月第 1 版第 2 次印刷
印 **刷** ／ 涿州市京南印刷厂
开 **本** ／ 787 mm × 1092 mm 1/16
印 **张** ／ 15
字 **数** ／ 289 千字
定 **价** ／ 47. 50 元

前　言

《"十四五"智能制造发展规划》指出，制造业向智能化、绿色化、服务化方向转型升级，应提升制造业的创新力、竞争力和可持续发展能力。数控技术作为现代制造业的核心驱动力之一，是实现《"十四五"智能制造发展规划》的关键技术。高等职业教育是培养数控技术技能人才的重要途径，建立合适教学内容和科学合理的育人机制可培养更多高素质、高技能的数控技术人才。在此背景下，编者结合嘉泰数控科技股份公司的典型生产案例和岗位需求编写了本书。

本书为黎明职业大学"十四五"校企共建项目成果教材，为深入贯彻落实党的二十大精神，体现新知识、新技术和新工艺，教材汇聚了数控加工领域的最新编程方法与实践经验。在编写过程中，秉持着科学、严谨、实用的原则，通过深入浅出的讲解和丰富的实践案例，帮助学生掌握数控加工编程与操作的核心技能；通过多样化的学习任务和实践活动，激发学生的学习兴趣和创造力，并及时融入了最新的技术成果和编程软件，确保学生能够掌握最前沿的技术动态；同时，还注重培养学生的职业素养，如安全意识、质量意识、环保意识等，使他们能够在未来的职业生涯中具备更高的职业素养和社会责任感。

本书由数控车床编程与加工、数控铣削编程与加工和多轴机床编程与加工项目组成，共18个任务。每个任务中根据实际需要设有明确工作任务、思考引导问题、知识链接、制订工作计划、执行工作计划、考核与评价及总结与拓展等活动，让学生能够在课前了解课程任务，课中学会课程内容，课后巩固课程知识。

本书由黎明职业大学智能制造工程学院颜国霖任主编，李佳新和柯桂颜任副主编，黎明职业大学智能制造工程学院的刘伟宝、周伟杰参与本书的编写。其中，项目一的任务一～任务二和项目三的任务十八由周伟杰编写；项目一的任务三～任务七由李佳新编写；项目二的任务八～任务十二由柯桂颜编写；项目二的任务十三～任务十五由颜国霖编写；项目三的任务十六～任务十七由刘伟宝编写。书中的PPT、微视频等电子资源均由颜国霖制作。

本书既可作为职业院校机械制造及自动化、数控技术、机电一体化技术等专业的教材，也可作为数控加工行业技术人员的参考书或培训教材。

由于编者水平有限，本书难免有不足之处，敬请读者批评指正。

编　者

目　　录

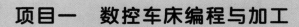
项目一　数控车床编程与加工

任务一　认识数控车床

活动一　明确工作任务

任务编号	一	任务名称	认识数控车床
设备型号	CKA6140	工作区域	工程实训中心—数控车削实训区
版本	FANUC 0i	建议学时	4
参考文件	数控车数控职业技能等级证书，FANUC 数控系统操作说明书		
素养提升	1. 执行安全、文明的生产规范，严格遵守车间制度和劳动纪律 2. 着装规范（工作服、劳保鞋），不携带与生产无关的物品进入车间 3. 遵守实训现场工具、量具和刀具等相关物料的定制化管理要求 4. 检查量具检定日期 5. 培养学生热爱专业、热爱生活的态度，一点一滴学习和传承工匠精神		
职业技能等级证书要求	1. 能分清各种常用数控车床的种类，能从车床铭牌中了解数控车床的主要参数 2. 能根据工作任务要求和数控车床手册了解数控车床的各部分结构及功能 3. 能识读车间安全生产标识，自觉遵守安全提示，达到安全生产要求		

工具/设备/材料具体如下。

类别	名称	规格型号	单位	数量
设备	数控车床		台	1
工具	卡盘扳手		把	1
	刀架扳手		把	1
	加力杆		把	1
	内六角扳手		套	1
	活动扳手		把	1

类别	名称	规格型号	单位	数量
工具	垫片		片	若干
	铁屑钩		把	1
	卫生清洁工具		套	1

1. 工作任务

图 1–1 所示为大连机床集团有限责任公司生产的 CKA6140 经济型数控车床及其结构图。请说出数控车床型号的含义，判别图中编号 1～7 所指的机床各部分名称及功能。

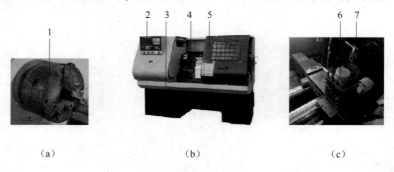

图 1–1　CKA6140 经济型数控车床及其结构图

（a）三爪卡盘；（b）CKA6140 经济型数控车床；（c）刀架及尾座

2. 工作准备

（1）技术资料：工作任务书、教材、FANUC 数控系统操作说明书。

（2）工作场地：具备良好的照明、通风和消防设施等条件。

（3）工具、设备、材料：按"工具/设备/材料"栏目准备。

（4）教学方式：建议实施分组教学，2～3 人为一组，每组配备 1 台数控车床。通过分组讨论认识数控车床，通过演示和操作训练正确认识数控车床。

（5）劳动防护：正确穿戴劳保用品、工作服。

（6）耗材：各学校可根据具体情况选用尼龙块代替。

活动二　思考引导问题

（1）什么是数控车床？

（2）如何认识数控车床型号？

（3）数控车床各部分结构有什么功能？

活动三　知识链接

1. 认识数控车床

数控（numerical control，NC）车床是用计算机数字控制的车床，即用数字化代码作为指令，由数字控制系统进行控制的自动化车床。它综

控车床编程与加工之数控车床介绍

合应用了电子技术、计算机技术、自动控制、精密测量和机床设计等先进技术，是目前国内外使用量最大、覆盖面最广的数控机床之一。

（1）数控车床的型号标记。

以 CKA6140 为例，说明数控车床型号标记中字母和数字的含义，如图 1 - 2 所示。

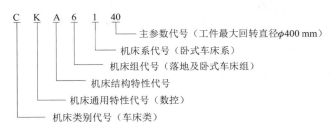

图 1 - 2　CKA6140 中字母和数字的含义

（2）数控车床的结构。

一般的数控车床与普通车床在结构上有很多相同之处，CKA6140 经济型数控车床的结构与功能见表 1 - 1。

表 1 - 1　CKA6140 经济型数控车床的结构与功能

序号	结构	功能
1	卡盘	主要用来夹持工件，一般有三爪自定心卡盘、四爪单动卡盘及花盘三种类型
2	数控操作面板	主要用来进行数控编程、控制运动部件、调节加工参数等操作
3	床身	支承机床各部件，下面装有主电机、冷却液箱等
4	导轨	主要起导向与支承作用，有较高的精度、刚度及承载能力
5	安全防护门	主要起安全防护作用，门上有安全玻璃，可监控切削情况
6	刀架	用于安装各类车削用刀具
7	尾座	用于安装顶尖、钻头等工具

（3）数控车床的加工范围。

数控车床主要用于加工各种轴、套、盘及成型类成批零件。其由于加工精度、生产效率较高，劳动强度低，因此比普通车床具有更广泛的适用范围。图 1 - 3 所示的轴、套、盘与成型件是数控车床加工的常见零件。

（a）　　　　　　　　　　　　（b）

图 1 - 3　数控车床加工的常见零件

（a）轴；（b）套

（c）   （d）

图 1-3　数控车床加工的常见零件（续）
（c）盘；（d）成型件

2. 数控车床的类型

（1）按车床主轴位置分类。

数控车床按主轴位置可分为立式数控车床和卧式数控车床。

①立式数控车床。如图 1-4 所示，立式数控车床的主轴垂直于水平面，其有一个大直径圆形工作台用来装夹工件。这类车床主要用于加工径向尺寸较大、轴向尺寸相对较小的大型盘类零件。

②卧式数控车床。如图 1-5 所示，卧式数控车床的主轴与水平面平行。这类车床主要用于轴向尺寸较长或小型盘类零件的车削加工。

图 1-4　立式数控车床   图 1-5　卧式数控车床

（2）按机床功能分类。

数控车床按机床功能可分为经济型数控车床、全功能数控车床和车削加工中心。

①经济型数控车床。经济型数控车床通常是采用步进电动机和单片机，对普通车床的车削进给系统改造后形成的简易型数控车床，如图 1-6 所示。其成本较低，自动化程度和功能都比较差，车削加工精度也不高，仅适用于精度要求不高、有一定复杂性的回转类零件的车削加工。

图1-6 经济型数控车床

②全功能数控车床。全功能数控车床是根据车削加工的要求，在车床结构上进行专门设计，配备通用数控系统形成的数控车床，如图1-7所示。其数控系统功能强，工序集中度高，自动化程度和加工精度也比较高，适用于精度要求高、形状复杂、工序与品种多变的零件的车削加工。

③车削加工中心。如图1-8所示，在普通数控车床的基础上，车削加工中心增加了 C 轴和铣削动力头。更高级的车床还带有刀库，可控制 X、Z、C 三个坐标轴，联动控制轴可以是 (X, Z)、(X, C) 或 (Z, C)。由于增加了 C 轴和铣削动力头，这种数控车床的加工功能大幅增强，除能进行一般车削外，还可以进行径向和轴向铣削、曲面铣削、中心线不在零件回转中心的孔和径向孔的钻削等加工。

图1-7 全功能数控车床

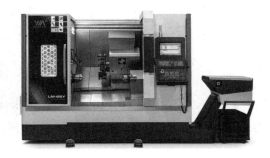

图1-8 车削加工中心

3. 数控车床与普通车床的区别

数控车床的外形与普通车床相似，均由床身、主轴箱、刀架、进给系统、冷却和润滑系统、数控系统等部分组成，但数控车床与普通车床最大的区别在于进给系统。传统普通车床的进给系统有进给箱和交换齿轮架，数控车床的进给系统则直接利用伺服电机通过滚珠丝杠驱动溜板和刀架实现进给运动，与传统普通车床相比，数控车床进给系统的结构大为简化。

4. 数控车床技术参数

CKA6140 经济型数控车床的技术参数见表 1-2。

表 1-2　CKA6140 经济型数控车床的技术参数

项目		技术参数
车床上最大工件回转直径/mm		ϕ400
滑板上最大工件回转直径/mm		ϕ200
最大工件长度/mm		750/1 000
最大加工长度/mm		620/870
坐标行程/mm	X 向	205
	Z 向	625/875
主电机功率/kW	双速型	3/4.5
	变速型	5.5
数控系统		FANUC Series 0i Mate-TD、西门子 802C、华中数控 HNC-21T、广州数控 980T 及用户要求的其他数控系统
机床外形尺寸（长×宽×高）/（mm×mm×mm）		2 300×1 480×1 520（750 规格）、2 550×1 480×1 520（1 000 规格）
机床净重/kg		约 1 900（750 规格）、约 2 150（1000 规格）

活动四　制订工作计划

在企业生产车间现场或学校实训工场选定若干数控车床，观察其铭牌表后说出车床由哪些结构组成，这些结构的主要作用是什么。

活动五　执行工作计划

观察数控车床外表的型号标志，参阅机床技术文件，说出机床型号的含义，以及机床的最高转速、最大进给量、可加工零件的最大直径等参数，按要求填写表 1-3。

表 1-3　数控车床认识表

机床型号			机床类型	
机床主要结构分析				
序号	主要结构		分析	
1				
2				
3				
4				
5				
6				
7				
机床主要技术参数分析				
序号	项目		技术参数	
1	数控系统			
2	主轴转速范围			
3	最大切削直径与长度			
4	刀位数与刀柄尺寸			
5	主轴通孔直径			
6	主电机功率			

活动六　考核与评价

根据本任务的学习内容及学习要求，结合实际掌握情况，填写表 1-4。

表 1-4　认识数控车床学习任务评价表

评价项目	配分/分	自评/分	互评/分	师评/分
能通过查阅技术手册识读机床型号	15			
能说出机床型号的具体含义	20			
能针对具体机床分析结构与类型	20			
能查阅机床技术文件	15			
能准确找到数控车床的主要技术参数	20			
遵守课堂纪律、安全文明生产要求	10			
总分	100			

活动七　总结与拓展

1. 总结

（1）各小组根据展示的结论，对其他小组进行点评。

（2）各小组讨论本次任务的完成情况，并写出心得体会。

2. 拓展学习

观察生产或实训现场的其他数控车床，查阅技术资料，按工作过程要求，参照表1–3的内容，独立完成相关学习任务。

任务二　数控车床的基本操作

活动一　明确工作任务

任务编号	二	任务名称	数控车床的基本操作
设备型号	CKA6140	工作区域	工程实训中心—数控车削实训区
版本	FANUC 0i	建议学时	4
参考文件	数控车数控职业技能等级证书，FANUC 数控系统操作说明书		
素养提升	1. 执行安全、文明的生产规范，严格遵守车间制度和劳动纪律 2. 着装规范（工作服、劳保鞋），不携带与生产无关的物品进入车间 3. 遵守实训现场工具、量具和刀具等相关物料的定制化管理要求 4. 检查量具检定日期 5. 培养学生爱岗敬业、热爱劳动、规范操作、严守流程、团队协作的职业素养		
职业技能等级证书要求	1. 能掌握数控车床的基本操作方法 2. 能识别各类数控车刀，会针对基本零件选用切削刀具与切削参数 3. 能把编写好的程序输入数控系统，并进行模拟加工操作		

工具/设备/材料具体如下。

类别	名称	规格型号	单位	数量
设备	数控车床		台	1
工具	卡盘扳手		把	1
	刀架扳手		把	1
	加力杆		把	1
	内六角扳手		套	1
	活动扳手		把	1
	垫片		片	若干
	铁屑钩		把	1
	卫生清洁工具		套	1

1. 工作任务

图 2-1 所示为 FANUC Series 0i Mate-TD 数控系统面板。在熟悉数控系统面板的基础上，知道机床数控系统面板上与机床控制面板上各功能键的含义，并掌握开机、原点回归、MDI 程序编辑、模拟加工、对刀等操作。

图 2 – 1 FANUC Series 0i Mate – TD 数控系统面板

1—机床数控系统面板；2—电源控制区；3—机床控制面板

2．工作准备

（1）技术资料：工作任务书、教材、FANUC 数控系统操作说明书。

（2）工作场地：具备良好的照明、通风和消防设施等条件。

（3）工具、设备、材料：按"工具/设备/材料"栏目准备。

（4）教学方式：建议实施分组教学，2～3 人为一组，每组配备 1 台数控车床通过分组讨论认识数控车床，通过演示和操作训练正确认识数控车床。

（5）劳动防护：正确穿戴劳保用品、工作服。

（6）耗材：各学校可根据具体情况选用尼龙块代替。

活动二 思考引导问题

（1）数控车床如何进行回零操作？

（2）如何正确安装车刀？

（3）如何进行对刀？

活动三 知识链接

1．认识机床数控系统面板

FANUC Series 0i Mate – TD 数控系统配备的机床数控系统面板如图 2 – 2 所示，该面板包括软键、软盘插口、CRT 显示器、MDI 编辑器等部件。机床数控系统面板上各功能键的名称与功能见表 2 – 1。

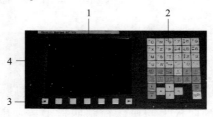

图 2 – 2 FANUC Series 0i Mate – TD 数控系统配备的机床数控系统面板

1—CRT 显示器；2—MDI 编辑器；3—软键；4—软盘插口

表 2 –1　FANUC Series 0i Mate – TD 数控系统配备的机床数控系统面板上各功能键的名称与功能

序号	示意图	名称	功能
1	POS	位置键	此功能键结合显示器下面的软键，可以在显示屏上显示各坐标轴的机床坐标值、绝对坐标值、增量坐标值，以及程序执行过程中各坐标轴距指定位置的剩余值等
2	PROG	程序键	编辑方式下按此功能键，可进行编程、修改、查找操作；其结合显示器下面的软键，可与外部计算机完成程序传输，且在程序自动运行时可显示程序内容
3	OFFSET SETTING	刀具偏置设定键	按此功能键并结合其他功能键，可设置工件坐标系，并可进行刀尖半径、磨损补正等操作
4	SYSTEM	系统键	用于数控系统自我诊断相关数据和参数
5	CUSTOM GRAPH	图形显示键	此功能键结合 DRN、CIRCLESTRAT 键，可在显示器上观察刀具的运行轨迹，但此时机床不会进行实际加工操作
6	MESSAGE	信息键	用于表示 NC 和 PLC 的警示状态
7	↑ ← ↓ →	光标移动键	用于控制显示屏中光标上、下、左、右 4 个方向的移动
8	ALERT	替换键	对程序中光标的指定位置进行地址、数据命令更改，或用新数据替换原来的数据
9	INSERT	插入键	对程序中光标的指定位置插入字符或数字
10	DELETE	删除键	删除程序中光标指定位置的字符或数字（被删除后的语句不能复原，操作前必须对被删除内容予以确认）
11	INPUT	输入键	输入刀具补偿数据、工件坐标值后，按下此功能键，显示屏下方出现输入栏的内容

序号	示意图	名称	功能
12	RESET	复位键	当前状态解除、加工程序重新设置、机床紧急停止时使用该键
13	HELP	帮助键	机械装备的说明等功能（有些机器内部的 HELP 键没有设置功能）

2. 认识机床控制面板

图 2-3 所示为 FANUC Series 0i Mate-TD 数控系统配备的机床控制面板，包括电源控制、工作方式、主轴与进给倍率等开关，以及单段执行、主轴正反转等功能键。机床控制面板上各功能键的名称与功能如表 2-2 所示。

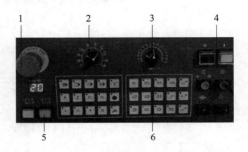

图 2-3　FANUC Series 0i Mate-TD 数控系统配备的机床控制面板

1—紧急停止开关；2—工作方式开关；3—主轴与进给倍率开关；

4—电源控制开关；5—循环启动按钮；6—控制软键

表 2-2　机床控制面板上各功能键名称与功能表

序号	示意图	名称	功能
1		单段执行	按下此键，机床将只运行所编程序中的一段程序，执行程序在显示器内反映为点亮
2		机床锁住	按下此键后，机床处于锁定状态，不能执行加工操作，但可以进行程序的编辑、修改等操作
3		空运行	按下该键，车床执行空运行。通过空运行，观察刀具的运动轨迹，从而判定程序的正确性
4		换刀	每按该键一次，刀架旋转一个刀位，必须在一个刀位转好后才能换下一个刀位

序号	示意图	名称	功能
5		冷切	按下该键后，冷却液开且指示灯点亮；再按一次，冷却液关且指示灯关闭
6		进给保持	按下该键可使机床处于暂停状态，再按一次车床循环启动，并自动保持运行，与 M00 指令基本相同
7		循环启动	按下该键，机床将按照程序指令执行自动加工
8		主轴正转	在手动方式下，按下此键机床正向转动
9		主轴停止	在手动方式下，按下此键机床停止转动
10		主轴反转	在手动方式下，按下此键机床反向转动
11		紧急停止开关	按下该键，加工终止，电源切断
12		进给倍率开关	加工零件时选择或调整最适合的进给速度（F）。在 0~150% 范围按每挡 10% 变化量调节；自动运转时，程序按 100% 进给量切削

3. 认识机床其他开关

在机床控制面板上有一个关键开关——工作方式开关，如图 2 - 4 所示。它是数控系统与机床操作最重要的开关，表 2 - 3 对该开关的功能进行了详细说明。

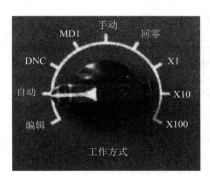

图 2 - 4　工作方式开关

表 2 – 3　工作方式开关的工作方式和功能

序号	工作方式	功能
1	MDI 方式	在 PROG 状态下输入程序，按"循环启动"键后直接执行输入的程序段，可输入 10 条指令
2	自动方式	在 PROG 下调用要执行的程序编号，循环启动后对工件执行自动加工
3	编辑方式	可以输入、输出程序，也可以对程序进行修改或删除
4	手动方式	结合刀架移动控制键，可对刀架执行快、慢速移动等操作
5	DNC 方式	通过 RS – 232 接口把数控系统与计算机相连，实现文件传输
6	手轮方式	该方式可用手轮操作刀架沿 X、Z 方向作 ×1 μm、×10 μm、×100 μm 三种微量移动

活动四　制订工作计划

熟悉数控车床数控系统后，查阅表 2 – 1 ~ 表 2 – 3，掌握各功能键的功能后，操作数控车床、输入或编辑数控程序，并对零件程序进行验证。同时，学习对刀技术，初步掌握针对给定零件与程序的加工操作技术。

活动五　执行工作计划

1. 数控车床操作

查阅表 2 – 1 ~ 表 2 – 3 中各功能键的含义与功能，按表 2 – 4 所示的数控车床操作任务要求，练习操作技能。

表 2 – 4　数控车床操作任务内容和操作步骤

序号	任务内容	操作步骤
1	开机	1. 开启机床后面的空气开关，可以听到机床电气柜内散热器风扇运转的声音 2. 按下操作面板上绿色的"系统上电开关"，启动数控系统，等待系统初始化 3. 顺时针开启"紧急停止开关"，机床复位，完成开机工作
2	原点回零	1. 将"工作方式"开关转到"回零"位置 2. 按住机床控制面板上的"+X""+Z"键，等待刀架自动回复到零点位置 3. 按机床数控系统面板上的 POS 键，CRT 显示屏显示 X0.000、Z0.000
3	主轴操作	1. 将"工作方式"开关转到"手动"位置 2. 分别按"主轴正转""主轴反转"键，观察主轴的旋转情况 3. 选择"主轴停止"键、RESET 键、"紧急停止"开关三种主轴停止方式中的一种，停止主轴旋转

序号	任务内容	操作步骤
4	刀架移动	1. 将"工作方式"开关转到"手动"位置 2. 分别按"X↑""X↓"键，观察刀架的移动方向 3. 分别按"Z←""Z→"键，观察刀架的移动方向
5	手轮进给	1. 按机床数控系统面板上的 POS 键 2. 将"工作方式"开关分别转到"×1""×10""×100"的位置 3. 将"X、Z 向选择"开关分别转到 X、Z 位置 4. 顺时针或逆时针摇动"手轮"，观察 CRT 显示屏上坐标值的变化
6	冷却液打开 或关闭	1. 将机床冷却液头放到合适位置，关闭防护门 2. 按下"冷却液"开关，打开冷却液；再按一下，关闭冷却液
7	关机	1. 将刀架移到机床参考点位置 2. 按下"紧急停止"开关，关闭数控系统电源 3. 拉下机床后面的空气开关，停止散热风扇运转

2. 车刀的安装

数控车床的车刀安装与普通车床类似，在实际操作中，同样坚持以下 4 个装刀要点。

车床的装刀、
刀具讲解

（1）车刀刀尖高度与机床主轴中心高度相等。

（2）车刀刀杆轴线与机床主轴轴线垂直。

（3）车刀刀头伸出长度不超过刀头厚度的 1.5 倍。

（4）车刀垫片整齐，安装稳定。

3. 对刀

对刀是数控加工中最重要的操作技能，对刀的准确性决定零件的加工精度。程序模拟加工结束后，必须完成对刀操作才能进行工件加工。数控车床常用试切法、机械式对刀仪、光学式对刀仪进行对刀。其中，试切法对刀使用最广泛。按照上面的程序，取 40 mm×100 mm 的圆棒料

车床对刀 –
（外圆、切断、
螺纹）

安装在三爪自定心卡盘上，棒料伸出 60 mm 并夹紧。在数控车床刀架的 1 号刀位上安装 90°外圆车刀把，刀杆伸出长度约为 20 mm。按照下面的步骤执行对刀操作。

（1）主轴启动与刀位的确认。

①将"工作方式"开关转到 MDI 位置。

②按 PROG 键。

③在程序编辑栏左下角输入以下指令。

T0101；

M03 S600；

④按"循环进给"键，使主轴转动，并将1号刀的刀位确定在1号刀位。

（2）Z向对刀（以右端面中心为工件坐标系原点）。

①将"工作方式"开关转到"手动"位置。

②利用"X↑""X↓""Z←""Z→"方向键结合"快速移动"键，移动1号刀至工件外圆与端面处。

③用手轮控制，取0.5 mm左右的切削量，切削端面。

④Z向保持不动，按"X↑"键退出后，按RESET键，停止主轴旋转，如图2-5所示。

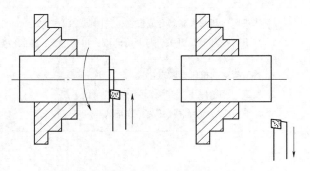

图2-5 Z向对刀操作示意图

⑤按OFFSET键，再按"补正"栏下的"形状"软键进入设置页面，使光标移到G001。输入Z0后，按显示器下的"测量"软键，完成车刀的Z向对刀。

（3）X向对刀。

①启动主轴，移动车刀，以0.5 mm的切削量车一段外圆。

②保持X方向不动，按"+Z"键退出后使主轴停止，如图2-6所示。

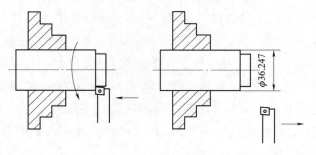

图2-6 X向对刀操作示意图

③用外径千分尺测量试切部分的外圆直径，读取测量值如36.247。

④按OFFSET键，再按"补正"栏下的"形状"软键进入设置页面。使光标移到G001，输入X36.247后，按显示器下的"测量"软键，完成车刀的X向对刀。

活动六　考核与评价

完成上述工作任务操作后，填写表 2 – 5。

表 2 – 5　数控车床操作评价表

评价项目	配分/分	自评/分	互评/分	师评/分
能正确开机	5			
能独立完成机床回零操作	10			
能独立消除机床超程故障	10			
会操作按键或手轮控制刀架移动	10			
能正确输入给定数控程序	10			
能对程序字段进行替换、插入、删除等操作	10			
能根据给定程序进行模拟加工	10			
能正确安装车刀	10			
能独立完成对刀操作	15			
遵守课堂纪律、安全文明生产要求	10			
总分	100			

活动七　总结与拓展

1. 总结

对刀是数控加工中的重要操作，通过车刀刀位点的试切削，测出工件坐标系在机床坐标系中的位置。若对刀错误或不精确将直接影响加工精度。因此，学生应反复练习，熟练掌握对刀方法，并力求对刀精确。

2. 拓展学习

刀位点是指程序编制中，用于表示刀具特征的点，也是对刀和加工的基准点。对于各类车刀，其刀位点如图 2 – 7 所示。

数控车床
仿真操作

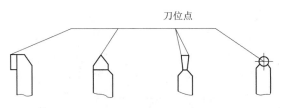

刀位点

图 2 – 7　各类车刀的刀位点

任务三　阀芯零件的编程与加工

活动一　明确工作任务

任务编号	三	任务名称	阀芯零件的编程与加工
设备型号	CKA6140	工作区域	工程实训中心—数控车削实训区
版本	FANUC 0i	建议学时	6
参考文件	数控车数控职业技能等级证书，FANUC 数控系统操作说明书		
素养提升	1. 执行安全、文明的生产规范，严格遵守车间制度和劳动纪律 2. 着装规范（工作服、劳保鞋），不携带与生产无关的物品进入车间 3. 遵守实训现场工具、量具和刀具等相关物料的规范化管理要求 4. 检查量具检定日期 5. 培养学生爱岗敬业、热爱劳动、规范操作、严守流程、团队协作的职业素养		
职业技能等级证书要求	1. 能根据机械制图国家标准及阀芯零件图，正确识读阀芯零件形状特征、零件加工精度、技术要求等信息 2. 能根据工作任务要求和数控车床操作手册，完成数控车床坐标系的建立、数控车床坐标节点的计算 3. 能根据零件图、机械加工工艺文件及编程手册，完成阀芯零件数控加工程序的编写		

工具/设备/材料具体如下。

类别	名称	规格型号	单位	数量
工具	卡盘扳手		把	1
	刀架扳手		把	1
	加力杆		把	1
	内六角扳手		套	1
	活动扳手		把	1
	垫片		片	若干
	铁屑钩		把	1
	卫生清洁工具		套	1
量具	钢直尺	0～300 mm	把	1
	游标卡尺	0～200 mm	把	1

类别	名称	规格型号	单位	数量
刀具	90°外圆车刀		把	1
	切槽刀		把	1
	45°端面车刀		把	1
耗材	棒料（45 号钢）	ϕ25 mm×30 mm	根	1

1. 工作任务

完成如图 3 – 1 所示的阀芯零件的编程与加工工作任务。

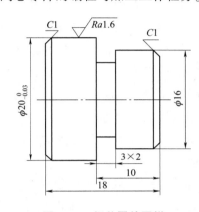

图 3 – 1　阀芯零件图样

2. 工作准备

（1）技术资料：工作任务书、教材、FANUC 数控系统操作说明书。

（2）工作场地：具备良好的照明、通风和消防设施等条件。

（3）工具、设备、材料：按"工具/设备/材料"栏目准备。

（4）教学方式：建议实施分组教学，2~3 人为一组，每组配备 1 台数控车床。通过分组讨论完成零件的工艺分析及加工工艺方案设计，通过演示和操作训练完成零件的加工。

（5）劳动防护：正确穿戴劳保用品、工作服。

（6）耗材：各学校可根据具体情况选用尼龙棒代替。

活动二　思考引导问题

（1）完成本任务需要用到哪些刀具？

（2）如何确定零件的编程原点？

（3）如何编写正确加工程序？

（4）如何保证加工精度？

（5）数控车床加工是否安全，有哪些操作规范？

活动三 知识链接

1. 数控机床坐标系

1）机床相对运动的规定

在机床上，始终认为工件是静止的，而刀具是运动的。这样编程人员在不考虑机床上工件与刀具具体运动的情况下，就可以依据零件图样，确定机床的加工过程。

2）机床坐标系的规定

标准机床坐标系中 X、Y、Z 坐标轴的相互关系用右手笛卡儿直角坐标系决定。

在数控机床上，机床的动作是由数控装置来控制的，为了确定数控机床上的成形运动和辅助运动，必须先确定机床上运动的位移和运动的方向，这就需要通过坐标系来实现，这个坐标系称为机床坐标系。标准机床坐标系中 X、Y、Z 坐标轴的相互关系用右手笛卡儿直角坐标系决定，具体如下。

（1）伸出右手的大拇指、食指和中指，方向垂直并互为 $90°$，则大拇指代表 X 坐标轴，食指代表 Y 坐标轴，中指代表 Z 坐标轴。

（2）大拇指的指向为 X 坐标轴的正方向，食指的指向为 Y 坐标轴的正方向，中指的指向为 Z 坐标轴的正方向。

（3）围绕 X、Y、Z 坐标轴旋转的旋转坐标轴分别用 A、B、C 表示，根据右手螺旋定则，大拇指的指向为 X、Y、Z 坐标轴中任意轴的正向，则其余四指的旋转方向即为旋转坐标轴 A、B、C 的正向，如图 3-2 所示。

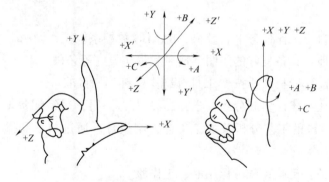

图 3-2 右手笛卡儿直角坐标系

3）运动方向的规定

增大刀具与工件距离的方向即为各坐标轴的正方向，反之，则为负方向。图 3-3 所示为数控车床上两个运动的正方向。

4）坐标轴方向的规定

（1）Z 坐标轴。

Z 坐标轴的运动方向是由传递切削动力的主轴决定的，即平行于主轴轴线的坐标

图 3 - 3 数控车床上两个运动的正方向

轴即为 Z 坐标轴，Z 坐标轴的正向为刀具离开工件的方向。

如果机床上有几个主轴，则选垂直于工件装夹平面的主轴方向为 Z 坐标轴方向；如果主轴能够摆动，则选垂直于工件装夹平面的方向为 Z 坐标轴方向；如果机床无主轴，则选垂直于工件装夹平面的方向为 Z 坐标轴方向。如图 3 - 3 所示的数控车床的 Z 坐标轴。

（2）X 坐标轴。

X 坐标轴平行于工件的装夹平面，一般在同一水平面内。确定 X 坐标轴的方向时，要考虑以下两种情况。

①如果工件做旋转运动，则刀具离开工件的方向为 X 坐标轴的正方向。

②如果刀具做旋转运动，则分为两种情况：Z 坐标轴水平时，观察者沿刀具主轴向工件看，$+X$ 运动方向指向右方；Z 坐标轴垂直时，观察者面对刀具主轴向立柱看，$+X$ 运动方向指向右方。如图 3 - 3 所示的数控车床的 X 坐标轴。

5）机床原点、参考点、工件原点的规定

（1）机床原点。

机床原点是指在机床上设置的一个固定点，即机床坐标系的原点。它在机床装配、调试时就已确定下来，是数控机床进行加工运动的基准参考点。它是机床上的固定点，由制造厂家确定，其作用是使机床与控制系统同步，建立测量机床运动坐标的起始点。

数控车床的机床原点定在主轴前端面的中心，即卡盘端面与主轴中心线的交点处。

（2）机床参考点。

机床参考点一般设置在各坐标轴正向行程极限点的位置上。该位置是在每个轴上用挡块和限位开关精确地预先调整好的，它相对于机床原点的坐标是一个已知数、一个固定值。开机启动或当机床因意外断电、紧急制动等原因停机而重新启动时，都应该先让各轴回机床参考点进行一次位置校准，以消除上次运动带来的位置误差。

（3）工件原点。

在对零件图进行编程计算时，为了编程方便，需要在零件图样上的适当位置建立编程坐标系，其坐标原点即为程序原点。而要把程序应用到机床上，程序原点应该对应工件毛坯的特定位置，这个位置在机床坐标系中的坐标，必须让机床的数控系统知道，而这一操作是通过对刀实现的。这样编程坐标系在机床上就表现为工件坐标系，坐标原点就称为工件原点。对刀是为了建立工件坐标系与机床坐标系的关系。数控车床的机床原点、参考点、工件原点如图 3-4 所示。车床的工件原点一般设在主轴中心线上，多定在工件的左端面或右端面。

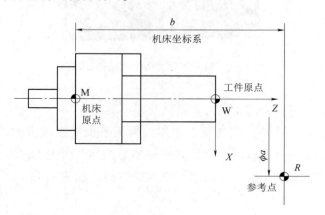

图 3-4　数控车床的坐标系

（4）工件原点的选取原则。

①工件原点应选在工件图样的尺寸基准上，这样可以直接用图纸标注的尺寸作为编程点的坐标值，从而减少数据换算的工作量。

②能使工件方便地装夹、测量和检验。

③工件原点尽量选在尺寸精度比较高、表面粗糙度比较低的工件表面上，这样可以提高工件的加工精度及同一批零件的一致性。

④对于有对称几何形状的零件，工件原点最好选在对称中心点上。

2. 编程指令

1）与坐标有关的指令

（1）绝对坐标、相对坐标、增量编程。

FANUC 系统数控车床有两种编程方法：绝对坐标编程和相对坐标编程。

①绝对坐标编程。绝对坐标编程时移动指令终点的 X、Z 坐标值是以编程原点为基准计算的。

②相对坐标编程。相对坐标编程时移动指令终点的 X、Z 坐标值是相对于刀具前一位置计算的，即终点坐标减去起点坐标。

这两种编程法能够被结合在同一个程序段中。采用增量编程时，用地址 U、W 代替 X、Z 进行编程。U、W 的正负方向由行程方向确定，行程方向与机床坐标方向相同时为正，反之为负。

如图 3-5 所示，圆柱面的车削从 A 点至 B 点可有三种编程方式，具体如下。

绝对坐标程序：X35 Z-40。

相对坐标程序：U0 W-40。

混合坐标程序：X35 W-40 或 U0 Z-40。

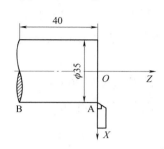

图 3-5　绝对编程与相对编程

（2）直径编程和半径编程。

①直径编程：数控程序中 X 轴的坐标值用直径量来表示，但也有一些坐标值用半径量表示。

②半径编程：数控程序中 X 轴的坐标值用零件图上的半径量表示。

车床出厂时一般设定为直径编程，如果要用半径编程，则要改变系统中相关的参数。

（3）坐标单位 G20/G21。

G20 表示英制单位，G21 表示公制单位。机床出厂时将根据使用区域设定默认状态，也可按需要重新设定。我国一般使用公制单位（单位为 mm），所以机床出厂前一般默认设定为 G21。使用机床过程中，坐标单位应注意以下三点。

①G20/G21 指令在断电前后保持一致。

②在同一个程序内，不能同时使用 G20 与 G21 指令，且必须在坐标系确定之前指定，即程序中间 G20 和 G21 不能相互转换。

③改变 G20/G21 后，进给速度值、位移量、偏置量、手摇脉冲发生器的功能单位、步进进给的移动单位都会相应地发生变化。

2）进给速度控制指令 G98/G99

（1）G98 指令。

用于控制进给速度为每分钟进给模式（进给速度单位为 mm/min）。

例如，G98 G01 Z-20 F100；表示刀具进给速度为 100 mm/min。

（2）G99 指令。

用于控制进给率为每转进给模式（进给率单位为 mm/r）。

例如，G99 G01 Z-20 F0.5；表示进给率为 0.5 mm/r。

其中，FANUC 数控系统默认的进给模式是进给率，即每转进给模式。而华中数控系统默认的进给模式是进给速度，即每分钟进给模式。

3）主轴转速控制指令 G96/G97

（1）G96 指令。

用于指定主轴的线速度，单位为 m/min。此指令一般在车削盘类零件的断面或零件直径变化较大的情况下采用，这样可以保证直径变化，但主轴的线速度不变，从而保证切削速度不变，使得工件表面的粗糙度保持一致。

由 $n = 1\,000v/\pi d$ 可知，d 越小，n 越大。因此，要给主轴限制一个最大线速度，用 G50 表示。

例如，G50 S800；表示最大的线速度为 800 m/min。

G96 S150；表示设定的线速度为 150 m/min。

（2）G97 指令。

用于指定主轴转速，单位为 r/min。该状态一般为数控车床的默认状态，在一般加工情况下都采用这种方式，特别是车削螺纹时，必须设置成恒转速控制方式。

例如：G97 S1000；表示设定的主轴转速为 1 000 r/min。

4）自动返回参考点指令 G28

G28 指令用于使被指令控制的轴自动返回参考点。

指令格式：

G28 X（U）_Z（W）_；

其中，X（U）和 Z（W）分别表示返回参考点过程中的中间点坐标。

5）快速指令 G00

G00 指令的功能是使刀架以厂家设定的最大速度按点位控制方式从当前点快速移动到目标点。

指令格式：

G00 X（U）_Z（W）_；

其中，X、Z 表示快速移动的目标点绝对坐标，U、W 表示快速移动的目标点相对刀具当前点的相对坐标位移；X（U）坐标按直径输入。

注意：

（1）使用 G00 指令时不用指定移动速度，其移动速度由机床系统参数设定。

（2）使用 G00 指令时，刀具的实际运动路线并不一定是直线，可能是一条折线。因此，要注意刀具是否与工件和夹具发生干涉。对不适合联动的场合，每轴可单动。

（3）执行 G00 指令后，移动过程中不能对工件进行切削加工，目标点不能选在零件上，一般要离开工件表面 2~5 mm。

例如，对如图 3-6 所示的零件加工时，路线不对。程序 G00 X_ Z_；导致路线不对，应改为：

G00 Z_；

G00 X_；

即刀具应先往 X 轴方向退，然后往 Z 轴方向退。

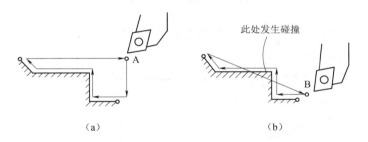

图 3 – 6　快速定位时出现碰撞

（a）正确路线；（b）错误路线

6）直线插补指令 G01

G01 指令功能是使刀架以给定的进给速度从当前点以直线的形式移动到目标点。

指令格式：

G01 X（U）_Z（W）_F_;

其中，X（U）_Z（W）_的含义与 G00 指令的含义相同；F_表示进给速度。

7）内（外）径切削循环指令 G90

（1）圆柱面内（外）径切削循环。

指令格式：

G90 X（U）_Z（W）_F_;

指令说明：

X、Z——绝对坐标编程时，切削终点 C 在工件坐标系下的坐标；增量编程时，切削终点 C 相对于循环起点 A 的有向距离，用 U、W 表示。

F——循环切削过程中的进给速度，该值可以沿用到后续程序中去，也可以沿用循环程序前已经指令的 F 值。

该指令执行过程如图 3 – 7 所示。首先，刀具从程序循环起点开始以 G00 方式径向移动至指令中的 X 坐标处（切削段起点）。其次，再以 G01 的方式沿轴向切削进给至终点坐标处（切削段终点）后退至循环开始的 X 坐标处，最后以 G00 方式返回循环起点，准备下个动作。

（2）圆锥面内（外）径切削循环。

指令格式：

G90 X（U）_Z（W）_R_F_;

指令说明：

X、Z——绝对坐标编程时，为切削段终点在工件坐标系下的坐标；增量编程时，为切削终点相对于循环起点的有向距离，用 U、W 表示。

R——切削起点与切削终点的半径差，其符号为差的符号（无论是绝对坐标编程还是增量编程）。当切削起点处的半径小于终点处的半径时，R 为负值；反之为正值。

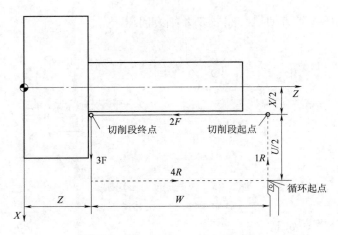

图3-7　圆柱面内（外）径切削循环

F——循环切削过程中的进给速度，该值可以沿用到后续程序中去，也可以沿用循环程序前已经指令的 F 值。

该指令执行过程如图3-8所示，其动作与圆柱面切削循环相似。

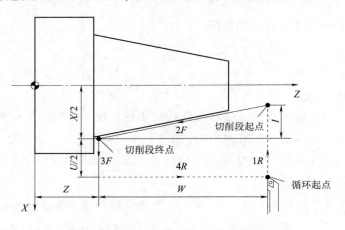

图3-8　圆锥面内（外）径切削循环

注意：对于循环指令，要正确选择程序循环起点的位置，因为该点既是程序循环的起点，又是程序循环的终点。对于该点，一般宜选择离毛坯表面 1~2 mm 的地方。

8）端面切削循环指令 G94

（1）端面切削循环。

指令格式：

G94 X（U）_Z（W）_F_；

指令说明：

X、Z——绝对坐标编程时，为切削终点 C 在工件坐标系下的坐标；增量编程时，为切削终点 C 相对于循环起点 A 的有向距离，用 U、W 表示。

该指令执行过程如图 3-9 所示，刀具从程序起点 A 开始以 G00 方式快速到达指令中的 Z 坐标处 B 点，再以 G01 方式切削进给至终点坐标处 C 点，然后退至循环起点的 Z 坐标处 D 点，再以 G00 方式返回循环起始点 A 点，准备下个动作。

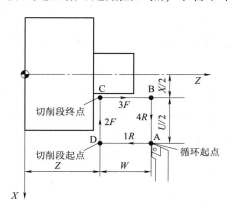

图 3-9　端面切削循环

（2）端面圆锥切削循环。

指令格式：

G94 X（U）_Z（W）_R_F_；

指令说明：

X、Z——绝对坐标编程时，为切削终点 C 在工件坐标系下的坐标；增量编程时，为切削终点 C 相对于循环起点 A 的有向距离，用 U、W 表示。

R——端面切削的起点相对于终点在 Z 轴方向的坐标分量。当切削起点 Z 坐标小于终点 Z 坐标时 R 为负，反之为正。当 R = 0 时，为圆柱面车削。

该指令执行过程如图 3-10 所示，刀具从程序起点 A 开始沿着路线①→②→③→④完成一个端面切削循环，回到循环起点 A，准备下个循环。

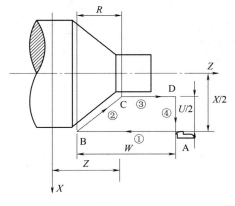

图 3-10　端面圆锥切削循环

活动四　制订工作计划

1. 工艺分析

（1）工具选择。

毛坯用卡盘扳手装夹在三爪自定心卡盘上，用百分表校正并用加力杆夹紧。其他工具主要有垫片、刀架扳手等。

（2）量具选择。

由于工件表面尺寸和表面质量无特殊要求，轮廓尺寸用游标卡尺或千分尺测量。

（3）刀具选择。

该工件的材料为钢，切削性能较好，根据加工要求，可采取先粗后精的原则，加工刀具卡见表 3 - 1。

表 3 - 1　加工刀具卡

产品名称：				零件名称：阀芯	
序号	刀具号	刀具规格名称	数量	加工表面	刀尖半径/mm
1					
2					
3					
4					

2. 切削用量选择

本任务主要加工外圆柱面、端面和槽等结构。可采用自定心卡盘夹紧外圆轮廓并进行加工。加工顺序按由粗到精、由近到远的原则确定。制订本零件的切削用量，见表 3 - 2。

表 3 - 2　切削用量表

序号	刀具号	刀具名称	主轴转速/ $(r \cdot min^{-1})$	进给率/ $(mm \cdot r^{-1})$	背吃刀量/ mm	备注
1						
2						
3						
4						

3. 绘制加工路线

绘制任务零件用到的各类型刀具的加工路线，路线从换刀点到起刀点再到加工切入点，经过零件轮廓切削过程，最后到切出点和退刀点（每种类型刀具单独绘制）。

4. 编写零件加工程序

程序内容	程序说明

活动五　执行工作计划

完成表 3－3 中各操作流程的工作内容，并填写学习问题反馈。

阀芯零件的
加工与检测

表 3－3　工作计划表

序号	操作流程	工作内容	学习问题反馈
1	开机检查	检查机床→开机→低速热机→回机床参考点（先回 X 轴，再回 Z 轴）	
2	工件装夹	自定心卡盘夹住工件一端，注意伸出长度	
3	刀具安装	依次将所需刀具安装在刀位上	
4	对刀操作	采用试切法对刀，依次完成各把车刀的对刀操作	
5	程序传输	将编写好的加工程序通过传输软件上传到数控系统中	
6	程序校验	锁住机床。调出所需加工程序，在"图形校验"功能下，实现零件加工刀具运动轨迹的校验	

序号	操作流程	工作内容	学习问题反馈
7	零件加工	运行程序,完成零件加工。选择单步运行,结合程序观察走刀路线和加工过程。粗加工后,测量工件尺寸,针对加工误差进行适当的补偿	
8	零件检测	用量具测量加工完成的零件	

活动六　考核与评价

1. 职业素养考核

职业素养考核包括操作规范和劳动教育,是贯穿整个任务的过程性考核,占任务成绩的30%,具体考核内容见表3-4。

表3-4　职业素养考核表

考核项目		考核内容	配分/分	扣分/分	得分/分
加工前准备	纪律	服从安排、清扫场地等。违反一项扣1分	2		
	安全生产	安全着装、按规程操作等。违反一项扣1分	2		
	职业规范	机床预热,按照标准进行设备点检。违反一项扣1分	2		
加工操作过程	打刀	每打一次刀扣2分	6		
	文明生产	工具、量具、刀具定制摆放,工作台面整洁等。违反一项扣1分	6		
	违规操作	用砂布或锉刀修饰、锐边未倒钝或倒钝尺寸太大等未按规定的操作行为,扣1~2分	6		
加工结束后设备保养	清洁清扫	清理机床内部铁屑,确保机床表面各位置整洁;清扫机床周围卫生。违反一项扣1分	2		
	整理整顿	工具、量具的整理与定制管理。违反一项扣1分	2		
	设备保养	严格执行设备的日常点检工作。违反一项扣1分	2		
撞机床或工伤		发生撞机床或工伤事故,整个测评成绩记0分			
总分			30		

2. 零件加工质量考核

零件加工质量是零件产品合格的关键,具体评价指标见表3-5。

表3-5 阀芯零件加工质量考核表

序号	检测项目	检测内容	检测要求	配分/分	学员	教师评价	
					自测尺寸	检测结果	得分/分
1	外轮廓/mm	$\phi20_{-0.03}^{0}$	超差不得分	10			
2		$\phi16$	超差不得分	10			
3	退刀槽/（mm×mm）	3×2	超差不得分	10			
4	长度尺寸/mm	18	超差不得分	10			
5		10	超差不得分	10			
6	其他	表面粗糙度	超差不得分	10			
7		锐角倒钝	超差不得分	5			
8		去毛刺	超差不得分	5			
	总分			70			

活动七 总结与拓展

1. 任务实施情况分析

任务完成后，学生根据任务实施情况分析存在的问题及原因，并填写表3-6，教师对项目实施情况进行点评。

表3-6 任务实施情况分析表

任务实施过程	存在的问题	解决办法
机床操作		
加工程序		
加工工艺		
加工质量		
安全文明生产		

2. 总结

（1）装夹工件时，工件不宜伸出太长，伸出长度比加工零件长度尺寸长 10 ~ 15 mm。

（2）刀具安装时，刀具在刀架上的伸出部分要尽量短，以提高其刚性；另外车刀刀尖要与工件中心等高。

（3）在进行对刀操作时，机床工作模式最好用手轮模式，手轮倍率开关一般选择 ×10 或 ×1 的挡位。

（4）熟练掌握量具的使用方法，提高测量的精度。

（5）对刀时应先以精加工刀作为基准刀，以确保工件的尺寸精度。

3. 拓展学习

在车削加工过程中，进刀时可采用快速走刀，使刀具快速接近工件切削起始点附近，再利用切削进给，减少空走刀的时间，以提高加工效率。切削起始点的确定与毛坯余量大小有关，应以刀具快速走到该点时刀尖不与工件发生碰撞为原则。

阀芯的编程与加工　　　阀芯零件编程仿真加工

任务四　限位套零件的编程与加工

活动一　明确工作任务

任务编号	四	任务名称	限位套零件的编程与加工
设备型号	CKA6140	工作区域	工程实训中心—数控车削实训区
版本	FANUC 0i	建议学时	6
参考文件	数控车数控职业技能等级证书，FANUC 数控系统操作说明书		
素养提升	1. 执行安全、文明的生产规范 2. 实施 8S 管理制度 3. 提升产品质量意识，独立自主分析质量问题，总结经验教训，持续改进工艺参数 4. 培养学生爱岗敬业、热爱劳动、规范操作、严谨细致、工程思维、团队协作的职业素养		
职业技能等级证书要求	1. 能根据机械制图国家标准及限位套零件图，正确识读限位套零件形状特征、零件加工精度、技术要求等信息 2. 能根据工作任务要求和数控车床操作手册，完成数控车床坐标系的建立、数控车床坐标节点的计算 3. 能根据零件图、机械加工工艺文件及编程手册，完成限位套零件数控加工程序的编写		

工具/设备/材料具体如下。

类别	名称	规格型号	单位	数量
工具	卡盘扳手		把	1
	刀架扳手		把	1
	加力杆		把	1
	内六角扳手		套	1
	活动扳手		把	1
	垫片		片	若干
	铁屑钩		把	1
	卫生清洁工具		套	1
量具	钢直尺	0～300 mm	把	1
	游标卡尺	0～200 mm	把	1
	外径千分尺	25～50 mm	把	1
	螺纹塞规	M16 mm×1.5 mm−6 g	套	1

类别	名称	规格型号	单位	数量
刀具	90°外圆车刀		把	1
	钻头	$\phi 12$ mm	把	1
	内孔车刀		把	1
	内切槽车刀	刀宽 3 mm	把	1
	60°内螺纹车刀		把	1
耗材	棒料（45 号钢）	$\phi 40$ mm×50 mm	根	1

1. 工作任务

完成如图 4 – 1 所示的限位套零件的编程与加工工作任务。

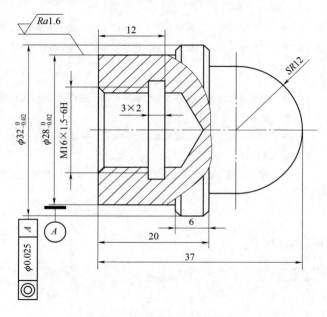

图 4 – 1　限位套零件图样

2. 工作准备

（1）技术资料：工作任务书、教材、FANUC 数控系统操作说明书。

（2）工作场地：具备良好的照明、通风和消防设施等条件。

（3）工具、设备、材料：按"工具/设备/材料"栏目准备。

（4）教学方式：建议实施分组教学，2～3 人为一组，每组配备 1 台数控车床。通过分组讨论完成零件的工艺分析及加工工艺方案设计，通过演示和操作训练完成零件的加工。

（5）劳动防护：正确穿戴劳保用品、工作服。

（6）耗材：各学校可根据具体情况选用尼龙棒代替。

活动二　思考引导问题

（1）完成本任务需要的螺纹车刀有什么要求？

（2）如何正确使用 G32、G92、G76 指令？

（3）怎么选择加工切削用量？

（4）螺纹车刀对刀如何操作？

活动三　知识链接

1. 螺纹切削前的准备

（1）螺纹总切深。

螺纹总切深是指螺纹牙型上牙顶到牙底之间垂直于螺纹轴线的距离。如图 4 − 2 所示，它是车削时车刀的总切入深度。

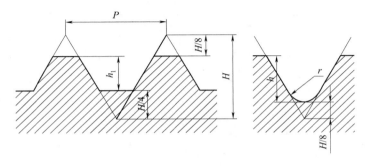

图 4 − 2　螺纹总切深

（2）螺纹起点与螺纹终点径向尺寸。

一般可按以下公式进行近似值计算。

$$螺纹外径 \approx 公称直径 - H/4$$

$$螺纹底径 \approx 螺纹外径 - 2 \times 螺纹牙深 h$$

（3）螺纹起点与螺纹终点轴向尺寸。

由于加工螺纹起始时有一个加速过程，结束前有一个减速过程。在这段距离中螺纹不可能保持均匀。因此加工螺纹时，两端必须设置足够的升速进刀段 δ_1（空刀导入量）和减速退刀段 δ_2（空刀导出量）。一般升速进刀段可取 4 ~ 6 mm，减速退刀段可取 1 ~ 3 mm，如图 4 − 3 所示。

（4）分层切削深度。

如果螺纹牙型较深、螺距较大，可分几次进给。每次进给的背吃刀量用螺纹深度减去精加工背吃刀量所得的差按递减规律分配。常用螺纹切削的进给次数与背吃刀量可参考表 4 − 1 选取。

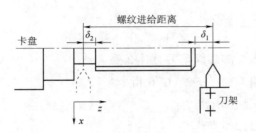

图 4 – 3　螺纹切削过程

表 4 – 1　常用螺纹切削的进给次数与背吃刀量

mm

公制螺纹							
螺距	1.0	1.5	2.0	2.5	3.0	3.5	4.0
牙深（半径值）	0.649	0.974	1.299	1.624	1.949	2.273	2.598
进给次数与背吃刀量（直径值） 1 次	0.6	0.8	0.8	1.0	1.2	1.5	1.5
2 次	0.4	0.5	0.6	0.7	0.7	0.7	0.8
3 次	0.2	0.3	0.5	0.6	0.6	0.6	0.6
4 次	0.1	0.2	0.4	0.4	0.4	0.6	0.6
5 次		0.15	0.2	0.4	0.4	0.4	0.4
6 次			0.1	0.15	0.4	0.4	0.4
7 次					0.2	0.2	0.4
8 次						0.15	0.3
9 次							0.2

2. 编程指令

1）圆弧编程指令 G02／G03

（1）指令功能。

①G02 指令：将刀架从当前位置（圆弧起点）沿圆弧顺时针方向移动到指令给出的目标点。

②G03 指令：将刀架从当前位置（圆弧起点）沿圆弧逆时针方向移动到指令给出的目标点。

（2）指令格式。

①用 I、K 指定圆心位置。

G02 X（U）_Z（W）_I_K_F_；

G03 X（U）_Z（W）_I_K_F_；

②用 R 指定圆心位置。

G02 X (U)_Z (W)_R_F_；G03 X (U)_Z (W)_R_F_；

（3）指令说明。

①采用绝对坐标编程时，圆弧终点坐标为圆弧终点在工件坐标系中的坐标值，用 X、Z 表示；采用增量编程时，圆弧终点坐标为圆弧终点相对于圆弧起点的增量值，用 U、W 表示。

②I、K 值的判断。数控机床的圆心坐标为 I、K，表示圆弧起点到圆弧中心矢量分别在 X、Z 坐标轴方向上的分矢量（矢量方向指向圆心），即圆心坐标减去起点坐标。

③顺、逆圆弧的判断。圆弧插补的顺、逆方向的判断方法如图 4 - 4 所示。首先确定数控机床的 Y 轴，然后逆着 Y 轴看该圆弧。顺时针方向圆弧用 G02 表示，逆时针方向圆弧用 G03 表示。

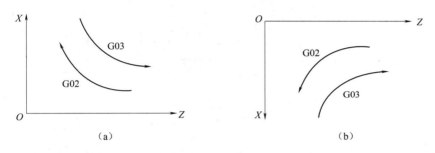

图 4 - 4　圆弧插补的顺、逆方向的判断方法

（a）后置刀架；（b）前置刀架

2）刀具半径补偿指令 G41/G42/G40

（1）指令功能。

任何一把刀具，不论制造得如何精良或刃磨得如何锋利，在其刀尖部分都存在一个刀尖圆弧，它的半径值难以准确测量。

编程时，若以假想刀尖位置为切削点，则编程很简单。但任何刀具都存在刀尖圆弧，当车外圆柱面或端面时，刀尖圆弧并不起作用，但当车倒角、锥面、圆弧或曲面时会发生少切或过切的现象，影响加工精度，如图 4 - 5 所示。

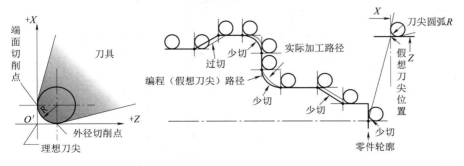

图 4 - 5　刀尖圆弧 R 造成的少切或过切

具有刀具半径补偿（简称刀补）功能的数控系统能根据刀尖圆弧半径计算出补偿量，避免少切或过切现象的产生。执行刀具半径补偿指令后，刀尖会自动偏离零件轮廓一个刀尖圆弧半径的值，从而加工出要求的零件轮廓。

（2）指令格式。

G41/G42/G40 G01/G00 X（U）_Z（W）_F_；

（3）指令说明。

①G41 指令为左偏刀具半径补偿指令，即沿刀具运动方向看（操作者处于 +Y 轴，向 −Y 轴观察），刀具位于零件的左侧，如图 4 − 6 所示。

②G42 指令为右偏刀具半径补偿指令，即沿刀具运动方向看（操作者处于 +Y 轴，向 −Y 轴观察），刀具位于零件的右侧，如图 4 − 6 所示。

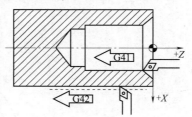

图 4 − 6　刀具补偿的方向及指令

③G40 指令为刀具半径补偿取消指令，即使用 G41、G42 指令后必须用 G40 指令取消偏置量，使刀具中心轨迹与编程轨迹重合。

④G41 或 G42 指令必须和 G00 或 G01 指令一起使用，且当切削完成后即用 G40 指令取消补偿。G41、G42、G40 指令不允许与 G02、G03 等其他指令结合编程。

⑤零件有锥度、圆弧时，必须在精加工锥度或圆弧的前一程序段建立半径补偿，一般在切入零件的程序段建立半径补偿。

⑥假想刀尖方向是指假想刀尖点与刀尖圆弧中心点的相对位置关系，用 0 ~ 9 共10 个号码来表示，0 与 9 的假想刀尖点与刀尖圆弧中心点重叠。常用车刀的假想刀尖方向的规定如图 4 − 7 所示。

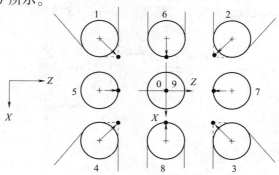

图 4 − 7　假想刀尖方向的规定（后置刀架）

⑦必须在刀具补偿参数设定页面的假想刀尖方向处（见图4-8中的T项）填入该刀具的假想刀尖号码，以作为刀具半径补偿的依据。

⑧必须在刀具补偿参数设定页面的刀尖半径处（见图4-8中的R项）填入该刀具的刀尖半径值，这样CNC装置会自动计算应该移动的补偿量，作为刀具半径补偿的依据。

⑨执行刀具半径补偿指令G41/G42后，刀具路径必须是单向递增或单向递减。如执行G42指令后，刀具路径如向Z轴负方向切削，就不允许往Z轴正方向移动，因此必须在往Z轴正方向移动前，用G40指令取消刀具半径补偿。

图4-8　刀具补偿参数设定页面

⑩建立刀具半径补偿后，Z轴的切削移动量必须大于其刀尖圆弧半径值（如刀尖圆弧半径为0.6 mm，则Z轴切削移动量必须大于0.6 mm）。X轴的切削移动量必须大于2倍刀尖圆弧半径值（如刀尖圆弧半径为0.6 mm，则X轴切削移动量必须大于1.2 mm），这是因为X轴用直径表示。

例：编写如图4-9所示零件的精加工程序。零件已经完成粗加工，单边仅有0.2 mm的余量。

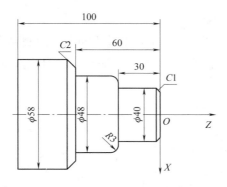

图4-9　G41/G42指令的应用

参考程序如下：

O0006;　　　　　　　　　　程序名

M03 S1200；	主轴正转
M08；	打开冷却液
T0101；	调用 1 号刀具，补偿号为 01
G00 X38 Z10；	刀具定位至起点
G42 G01 Z0 F0.1；	建立右偏刀具半径补偿
X40 Z－1；	
Z－30；	
X42；	
G03 X48 Z－33 R3；	轮廓轨迹
G01 Z－60；	
X54；	
X58 Z－62；	
Z－100；	
G40 G00 X100；	取消刀具半径补偿
Z100；	退刀
M09；	关闭冷却液
M30；	程序结束

3）单行程螺纹切削指令 G32

（1）指令功能。

G32 指令可以执行单行程螺纹切削。螺纹车刀进给运动严格根据输入的螺纹导程进行，但螺纹车刀的切入、切出和返回等运动各自需用子程序编写，子程序比较多，在实际编程中一般很少使用 G32 指令。

（2）指令格式。

G32X（U）_Z（W）_F_Q_；

其中，X（U）_Z（W）_的含义与 G00 指令相同。F_为螺纹导程，锥螺纹的斜角 α 在 45°以下时，螺纹导程以 Z 轴方向值指定；在 45°～90°时，螺纹导程以 X 轴方向值指定，如图 4－10 所示。

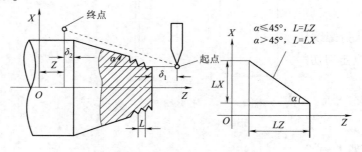

图 4－10 螺纹切削示意图

如 $\alpha \leqslant 45°$，Z 轴为长轴，螺距是 LZ。如 $\alpha > 45°$，X 轴为长轴，螺距是 LX。

Q_为螺纹起始角，该值为不带小数点的非模态值。如果是单线螺纹，则该值不用制订，这时该值为 0；如果是双线螺纹，则该值为 180 000。

另外，通常螺纹切削，从粗加工到精加工需要刀具多次在同一轨迹上进行切削。由于螺纹切削是从检测主轴的位置编码器传信号后开始的，因此，无论进行几次螺纹切削，工件圆周上切削起点都是相同的，螺纹切削轨迹是相同的。但是，从粗加工到精加工，主轴的转速必须是恒定的，若主轴转速发生变化，则螺纹会产生一些偏差。

例：如图 4 − 11 所示，加工螺纹 M30 × 2，试用 G32 指令编程。

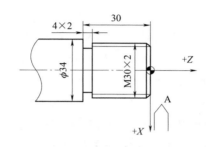

图 4 − 11　G32 指令的应用

参考程序如下：

T0404；	调用 4 号刀具，补偿号为 04
M03 S200；	主轴正转
G00 X35.0 Z5.0；	快速定位到 A 点
X29.0；	进刀至第一刀切深
G32 Z − 28.0 F2.0；	加工螺纹
G00 X35.0；	X 向退刀
Z5.0；	Z 向快退至 A 点
X28.2；	进刀至第二刀切深
G32 Z − 28.0 F2.0；	加工螺纹
G00 X35.0；	X 向退刀
Z5.0；	Z 向快退至 A 点

4）单一循环螺纹切削指令 G92

G92 指令执行螺纹切削单一循环，即完成由进刀、切螺纹、退刀和返回组成的一次走刀切削循环，如图 4 − 12 所示。G92 指令可以分多次进刀完成一个螺纹的加工，用此指令可以切削直螺纹、锥螺纹。与 G32 指令不同的是，G92 指令中已包含螺纹车刀的切入、切出和返回子程序，不再需要单独编写。

限位套零件
编程与加工

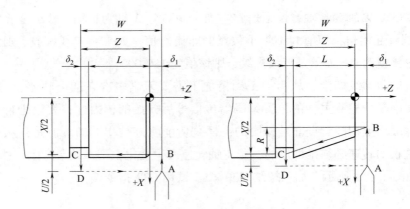

图 4 – 12　单一循环螺纹切削指令 G92

（1）指令格式。

G92　X（U）_Z（W）_R_F_；

（2）指令说明。

①如图 4 – 12 所示，执行该指令时，刀具从循环起点开始按 A→B→C→D→A 做循环运动，最后又回到循环起点。图中虚线表示快速移动，实线表示切削进给。其中 A 为循环起点（也是循环的终点），B 为切削起点，C 为切削终点，D 为退刀点。

②X_Z_为切削终点（C 点）的坐标；U_W_为切削终点（C 点）相对于循环起点（A 点）的位移量。

③R_为螺纹切削始点与切削终点的半径差，即 $R_B - R_C$；加工圆柱螺纹时，R 为 0，表示加工圆柱螺纹，可省略。

④F_为螺纹导程。

例：如图 4 – 11 所示，加工螺纹 M30 × 2，试用 G92 指令编程。

分析：螺纹总切深 $H = 2 \times 0.65P = 2.6$ mm，其中，P（导程）为 2；设定五刀，进刀深度依次为 1.0 mm、0.6 mm、0.4 mm、0.4 mm、0.2 mm。

参考程序如下：

T0404；	调用 4 号刀具，补偿号为 04
M03 S400；	主轴正转
G00 X35.0 Z5.0；	快速定位到 A 点
G92 X29.0 Z – 28.0 F2.0；	加工第一刀螺纹
X28.4；	加工第二刀螺纹
X28.0；	加工第三刀螺纹
X27.6；	加工第四刀螺纹
X27.4；	加工第五刀螺纹
G00 X100.0 Z50.0；	快速返回退刀点
M30；	程序结束

5）复合循环螺纹切削指令 G76

G76 指令执行螺纹切削多重复合循环，根据地址参数自动计算中间点坐标，控制刀具进行多次螺纹切削循环直至达到编程尺寸，即完成由进刀、切螺纹、退刀和返回组成的多次走刀切削循环。G76 指令可加工带螺纹退尾的直螺纹和锥螺纹，吃刀量逐渐减少，有利于保护刀具、提高螺纹精度。编程中应用 G76 指令就可以直接完成螺纹切削加工程序。G76 指令不能加工端面螺纹。

（1）指令格式。

G76　P（m）（r）（α）Q（Δd_{min}）R（d）

G76　X（U）_Z（W）_R（i）P（k）Q（Δd）F（f）

（2）指令说明。

①m：精加工最终重复次数（1~99 次）。

②r：倒角量，其值可设置为 0.01~9.9P，系数为 0.1 的整数倍，用 00~99 的两位整数表示，P 为导程。

③α：刀尖的角度，可选择 80°、60°、55°、30°、29° 和 0° 六种，角度数值用两位数表示；m、r、α 可用地址一次指定，如 $m=3$，$r=1.2P$，$\alpha=60°$ 时可写成 P031260。

④Δd_{min}：最小切入量（用半径值指定）。

⑤d：精加工余量。

⑥X（U）、Z（W）：螺纹切削终点坐标（绝对坐标或相对坐标）。

⑦i：螺纹锥度，即螺纹部分半径差，当为圆柱螺纹时，$i=0$ 或默认。

⑧k：螺纹牙形的高度（用半径值指定 X 轴方向的距离）。

⑨Δd：第一次的切入量（半径值，无符号）。

⑩f：螺纹的导程。

G76 指令运动轨迹如图 4-13 所示。每一次螺纹粗加工循环、精加工循环中实际开

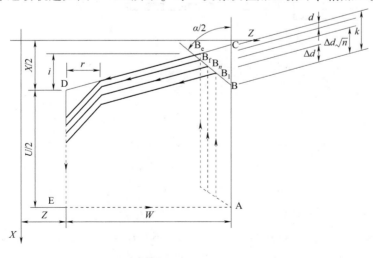

图 4-13　G76 指令运动轨迹

始螺纹切削的点，表示为 B_n 点（n 为切削循环次数），B_1 为第一次螺纹粗加工切入点，B_f 为最后一次螺纹粗加工切入点，B_e 为螺纹精加工切入点。

G76 指令刀具切入方法的详细情况如图 4 – 14 所示，循环加工中，刀具为单侧刃加工，可以使刀尖的负载减轻。每一次粗加工的螺纹切深为 $n\Delta d$，n 为当前的粗加工循环次数，Δd 为第一次粗加工的螺纹切深。

例：如图 4 – 15 所示，用 G76 指令编程。加工螺纹为 M68×6，螺纹车刀为 T0303。

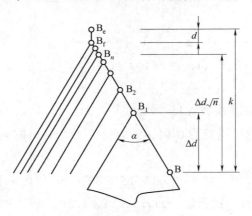

图 4 – 14　G76 指令刀具切入方法

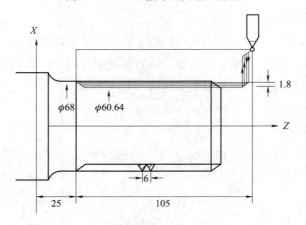

图 4 – 15　G76 指令的应用

参考程序如下：

N010 G21 G97 G99 G40；	初始化程序
N020 M03 S300；	主轴正转，转速为 300 r/min
N030 T0303；	换 3 号刀
N040 G00 ×80. 0 Z130. 0；	快移至 G76 指令循环起点
N050 G76 P011060 Q100 R200；	60°螺纹车刀切螺纹，精切一次，倒角为 6 mm,

最小切入量为 0.1 mm，精车余量为 0.2 mm

N060 G76 ×60.64 Z250.0 P3680 Q1800 F6.0；螺纹牙高为 3.68 mm，第一次的切入量为 1.8 mm

N070 G00 ×100.0 Z200.0；　　快退至换刀点

N080 M30；　　　　　　　　程序结束

活动四　制订工作计划

1. 工艺分析

（1）工具选择。

毛坯用卡盘扳手装夹在三爪自定心卡盘上，用百分表校正并用加力杆夹紧。其他工具有垫片、刀架扳手等。

（2）量具选择。

由于内孔尺寸和轮廓表面质量无特殊要求，轮廓尺寸用游标卡尺或外径千分尺测量，螺纹用螺纹塞规测量。

（3）刀具选择。

该工件的材料为钢，切削性能较好，根据加工要求，采用手工钻孔，加工刀具卡见表 4-2。

表 4-2　加工刀具卡

产品名称：				零件名称：限位套	
序号	刀具号	刀具规格名称	数量	加工表面	刀尖半径/mm
1					
2					
3					
4					
5					

2. 切削用量选择

本任务主要加工外圆柱面、内退刀槽、内螺纹等结构，可采用自定心卡盘夹紧外圆轮廓并进行加工。加工顺序按由内到外、由粗到精、由近到远的原则确定，需两次装夹才能加工出所有加工表面。制订本零件的切削用量，见表 4-3。

表 4 – 3　切削用量表

序号	刀具号	刀具名称	主轴转速/ （r·min⁻¹）	进给率/ （mm·r⁻¹）	背吃刀量/ mm	备注
1						
2						
3						
4						
5						
6						

3. 绘制加工路线

绘制任务零件用到的各类型刀具的加工路线，路线从换刀点到起刀点再到加工切入点，经过零件轮廓切削过程，最后到切出点和退刀点（每种类型刀具单独绘制）。

4. 编写零件加工程序

程序内容	程序说明

程序内容	程序说明

活动五　执行工作计划

完成表4-4中各操作流程的工作内容，并填写学习问题反馈。

限位套零件编程与
加工—实操1

限位套零件编程
与加工—实操2

表4-4　工作计划表

序号	操作流程	工作内容	学习问题反馈
1	开机检查	检查机床→开机→低速热机→回机床参考点（先回 X 轴，再回 Z 轴）	
2	工件装夹	自定心卡盘夹住工件一端，注意伸出长度	
3	刀具安装	依次将所需刀具安装在刀位上	
4	对刀操作	采用试切法对刀，依次完成各把车刀的对刀操作	
5	程序传输	将编写好的加工程序通过传输软件上传到数控系统中	
6	程序校验	锁住机床。调出所需加工程序，在"图形校验"功能下，实现零件加工刀具运动轨迹的校验	
7	零件加工	运行程序，完成零件加工。选择单步运行，结合程序观察走刀路线和加工过程。粗加工后，测量工件尺寸，针对加工误差进行适当的补偿	
8	零件检测	用量具测量加工完成的零件	

活动六　考核与评价

1. 职业素养考核

职业素养考核包括操作规范和劳动教育，是贯穿整个任务的过程性考核，占任务成绩的30%，具体考核内容见表4-5。

表 4 - 5　职业素养考核表

考核项目		考核内容	配分/分	扣分/分	得分/分
加工前准备	纪律	服从安排、清扫场地等。违反一项扣1分	2		
	安全生产	安全着装、按规程操作等。违反一项扣1分	2		
	职业规范	机床预热，按照标准进行设备点检。违反一项扣1分	2		
加工操作过程	打刀	每打一次刀扣2分	6		
	文明生产	工具、量具、刀具定制摆放，工作台面整洁等。违反一项扣1分	6		
	违规操作	用砂布或锉刀修饰、锐边未倒钝或倒钝尺寸太大等未按规定的操作行为，扣1~2分	6		
加工结束后设备保养	清洁清扫	清理机床内部铁屑，确保机床表面各位置整洁；清扫机床周围卫生。违反一项扣1分	2		
	整理整顿	工具、量具的整理与定制管理。违反一项扣1分	2		
	设备保养	严格执行设备的日常点检工作。违反一项扣1分	2		
撞机床或工伤		发生撞机床或工伤事故，整个测评成绩记0分			
总分			30		

2. 零件加工质量考核

零件加工质量是零件产品合格的关键，具体评价指标见表 4 - 6。

表 4 - 6　限位套零件加工质量考核表

序号	检测项目	检测内容	检测要求	配分/分	学员自测尺寸	教师评价	
						检测结果	得分/分
1	外轮廓尺寸/mm	$\phi 32_{-0.02}^{0}$	超差不得分	10			
2		$\phi 28_{-0.02}^{0}$	超差不得分	10			
3		$SR12$	超差不得分	10			
4	内孔尺寸/（mm × mm）	3×2	超差不得分	10			
5		$M16 \times 1.5$	超差不得分	10			
6	其他	表面粗糙度	超差不得分	10			
7		锐角倒钝	超差不得分	5			
8		去毛刺	超差不得分	5			
总分				70			

活动七　总结与拓展

1. 任务实施情况分析

任务完成后，学生根据任务实施情况分析存在的问题及原因，并填写表4-7，教师对项目实施情况进行点评。

表4-7　任务实施情况分析表

任务实施过程	存在的问题	解决办法
机床操作		
加工程序		
加工工艺		
加工质量		
安全文明生产		

2. 总结

（1）螺纹车刀装夹时要保证刀尖跟工件轴线等高。粗加工和半精加工时，螺纹车刀刀尖可调整为比工件的中心高工件直径的1%。

（2）因工件装夹时伸出过长或工件本身刚性不足出现啃刀现象时，可使用尾座顶尖等方法增加工件的刚性。

（3）螺纹车刀装夹时刀尖偏斜或车刀磨损时，也会出现啃刀现象，此时应对车刀进行修磨或更换刀片。

（4）螺纹车刀刃口不够光洁、切削参数不适合及机床刚性不足会造成螺纹表面粗糙。在高速切削螺纹时，最后一刀切削厚度要大于0.1 mm，且切屑要沿垂直于轴心线方向排出，以免造成已加工表面拉毛。

3. 拓展学习

螺纹切削过程中，进给速度倍率无效，速度被限制在100%，同时，要注意不能停止进给，以免背吃刀量会急剧增加造成危险。另外，不能改变主轴转速倍率，否则不能加工出正确的螺纹。

限位套编程与
仿真加工

任务五 阀套零件的编程与加工

活动一 明确工作任务

任务编号	五	任务名称	阀套零件的编程与加工
设备型号	CKA6140	工作区域	工程实训中心—数控车削实训区
版本	FANUC 0i	建议学时	6
参考文件	数控车数控职业技能等级证书，FANUC 数控系统操作说明书		
素养提升	1. 执行安全、文明的生产规范 2. 实施 8S 管制制度 3. 培养学生精益求精的工匠精神 4. 以质为本，提升加工效率 5. 培养学生爱岗敬业、热爱劳动、规范操作、严守流程、团队协作的职业素养		
职业技能等级 证书要求	1. 能根据机械制图国家标准及阀套零件图，正确识读阀套零件形状特征、零件加工精度、技术要求等信息 2. 能根据工作任务要求和数控车床操作手册，完成数控车床坐标系的建立、数控车床坐标节点的计算 3. 能根据零件图、机械加工工艺文件及编程手册，完成阀套零件数控加工程序的编写		

工具/设备/材料具体如下

类别	名称	规格型号	单位	数量
工具	卡盘扳手		把	1
	刀架扳手		把	1
	加力杆		把	1
	内六角扳手		套	1
	活动扳手		把	1
	垫片		片	若干
	铁屑钩		把	1
	卫生清洁工具		套	1
量具	钢直尺	0~300 mm	把	1
	游标卡尺	0~200 mm	把	1
	内径千分尺	25~50 mm	把	1
	孔径规	30~45 mm	把	1

类别	名称	规格型号	单位	数量
刀具	90°外圆车刀		把	1
	内孔车刀		把	1
	切槽车刀	刀宽 3 mm	把	1
	钻头	$\phi25$ mm	把	1
耗材	棒料（45 号钢）	$\phi55$ mm×60 mm	根	1

1. 工作任务

完成图 5 -1 所示的阀套零件的编程与加工工作任务。

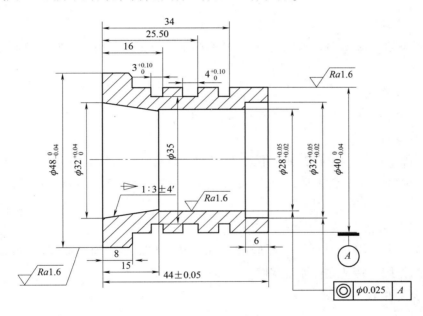

图 5 -1　阀套零件图样

2. 工作准备

（1）技术资料：工作任务书、教材、FANUC 数控系统操作说明书。

（2）工作场地：具备良好的照明、通风和消防设施等条件。

（3）工具、设备、材料：按"工具/设备/材料"栏目准备。

（4）教学方式：建议实施分组教学，2~3 人为一组，每组配备 1 台数控车床。通过分组讨论完成零件的工艺分析及加工工艺方案设计，通过演示和操作训练完成零件的加工。

（5）劳动防护：正确穿戴劳保用品、工作服。

（6）耗材：各学校可根据具体情况选用尼龙棒代替。

活动二 思考引导问题

（1）完成本任务需要用到哪些车刀？

（2）如何正确使用 G71、G72、G75 指令？

（3）先加工内孔部分还是先加工外圆部分？

（4）切槽车刀对刀如何操作？

活动三 知识链接

本任务常用编程指令如下。

1. 暂停指令 G04

（1）指令功能。

G04 指令使刀具短时间地停顿，以实现光整加工（X、Z 轴同时停），在切槽或钻孔时常用。

（2）指令格式。

G04 P_/X_;

（3）指令说明。

①P：暂停时间，单位为 ms，不允许使用小数点，如 G04 P2000 表示暂停 2 s。

②X：暂停时间，单位为 s，允许使用小数点，如 G04 X2.0 也表示暂停 2 s。

2. 切槽循环指令 G75

（1）指令功能。

G75 指令主要用于加工径向环形槽。加工中径向断续切削起断屑、及时排屑的作用，特别适合加工宽槽。

阀套零件编
程与加工

（2）指令格式。

G00 X（U）_Z（W）_;

G75 R（Δe）;

G75X（U）_Z（W）_P（Δi）Q（Δk）R（Δw）F（f）;

（3）指令说明。

①U、W：G00 指令中的 U、W 表示切槽起始点坐标。U 应比槽口最大直径大 2～3 mm，以免在刀具快速移动时发生撞刀，W 与切槽起始位置从左侧开始还是从右侧开始有关（优先选择从右侧开始）。

②G75 指令中的 U 表示槽底直径，W 表示切槽时的 Z 向终点位置坐标，同样与切槽起始位置有关。

③Δe：切槽过程中径向的退刀量（半径值），单位为 mm。

④Δi：切槽过程中径向的每次切入量（半径值），单位为 μm。

⑤Δk：沿径向切完一个刀宽后退出，在 Z 向的移动量，单位为 μm，但必须注意其

值应小于刀宽。

⑥Δw：刀具切到槽底后，在槽底沿 $-Z$ 方向的退刀量，单位为 μm，注意尽量不要设置数值，应取 0，以免断刀。

例：用 G75 指令编写如图 5 - 2 所示的槽，切槽车刀刀宽为 4 mm。

参考程序如下：

O0013；   程序名

N010 G21 G97 G99 G40；   初始化程序

N020 M03 S600 T0303；   主轴正转，转速为 600 r/min，换
                3 号刀具

N030 G00 X32.0 Z - 19.0；   快移至切槽循环起点

N040 G75 R0.1；   指定径向退刀量为 0.1 mm

N050 G75 X20.0 Z - 32.0 P500 Q3500 R0 F0.02；指定槽底、槽宽及加工参数

N060 G00 X60.0；   径向快速退出

N070 Z50.0；   快速返回退刀点

N080 M30；   程序结束

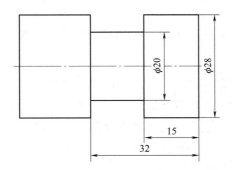

图 5 - 2　G75 指令的应用

3. 外圆粗切循环指令 G71

（1）指令功能。

G71 指令是一种复合固定循环指令，适用于外圆柱面需多次走刀才能完成的粗加工。图 5 - 3 所示为 G71 指令走刀路线。

（2）指令格式。

G71 U（Δd）R（e）；

G71 P（ns）Q（nf）U（Δu）W（Δw）F（f）S（s）T（t）；

（3）指令说明。

①Δd：背吃刀量，径向车削深度（半径值），无正负，是模态值。

②e：退刀量，无正负，是模态值。

③ns、nf：精加工轮廓程序段中起始段、结束段的段号。

④Δu：X 轴方向精加工余量（直径值），有正负。

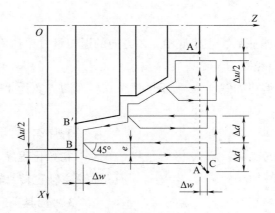

图 5 – 3 G71 指令走刀路线

⑤Δw：Z 轴方向精加工余量，有正负。

⑥f：粗加工循环时的切削进给速度，单位为 mm/min。

⑦s：粗加工循环时的主轴转速，单位为 r/min。

⑧t：粗加工循环时的刀具号和刀补号。

注意：

①ns ~ nf 程序段中的 F、S、T 功能，即使被指定也对粗加工循环无效（仅对后续精加工有效）。

②零件轮廓必须符合在 X 轴、Z 轴方向同时单调增大或单调减少。

③描述精加工轮廓的第一个程序段（ns 段）必须包含 G00 或 G01 指令，即 A→A′ 的动作必须是直线或点定位运动，但不能有 Z 轴方向的移动，如 G00/G01 X_。

④在加工循环中可以进行刀具半径补偿。

4. 端面粗切循环指令 G72

（1）指令功能。

G72 指令是一种复合固定循环指令，适用于 Z 向余量小、X 向余量大的棒料粗加工。G72 指令走刀路线如图 5 – 4 所示。

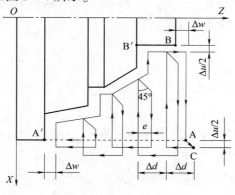

图 5 – 4 G72 指令走刀路线

（2）指令格式。

G72 W（Δd）R（e）；

G72 P（ns）Q（nf）U（Δu）W（Δw）F（f）S（s）T（t）；

（3）指令说明。

①Δd：背吃刀量，无正负，是模态值。

②e：退刀量，无正负，是模态值。

③ns、nf：精加工轮廓程序段中开始段、结束段的段号。

④Δu：X轴方向精加工余量（直径值），有正负。

⑤Δw：Z轴方向精加工余量，有正负。

⑥f：切削进给速度，单位为 mm/min。

⑦s：主轴转速。

⑧t：刀具刀片号。

注意：

①在使用 G72 指令进行粗加工循环时，只有含在 G72 程序段中的 F、S、T 指令才有效，而包含在 $ns \sim nf$ 精加工形状程序段中的 F、S、T 指令对粗加工循环无效。

②描述精加工轮廓的第一个程序段（ns 段）必须包含 G00 或 G01 指令，即 A→A′ 的动作必须是直线或点定位运动，但不能有 X 轴方向的移动，如 G00/G01 Z_。

③A′→B 必须符合 X、Z 轴方向的单调增大或单调减少的模式，即一直增大或一直减小。

④在加工循环中可以进行刀具半径补偿。

例：如图 5 - 5 所示，用 G72 指令编写循环加工程序，粗加工刀为 T0101。

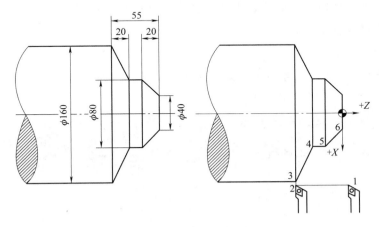

图 5 - 5　G72 指令的应用

参考程序如下：

O0011；　　　　　　　　　　程序名

N010 G21 G97 G99 G40；　　　初始化程序

N020 M03 S600 T0101;	主轴正转，转速为 600 r/min，换 1 号刀具
N030 G00 X162.0 Z2.0;	快移至循环起点 1
N050 G72 W1.0 R1.0;	每次切深为 1.0 mm，退刀量为 1.0 mm
N060 G72 P70 Q110 U0.4 W0.2 F1.5;	粗加工，X 余量为 0.4 mm，Z 余量为 0.2 mm
N070 G00 Z-55.0 S1000;	
N080 G01 X160.0 F0.15;	
N090 X80.0 W20.0;	精加工路线为 2→3→4→5→6
N100 W15.0;	
N110 X40.0 W20.0;	
N120 G00 X220.0 Z100.0;	快退至起点
N130 G70 P70 Q110;	精加工 1→6
N140 G00 X220.0 Z50.0;	快退至起点
N150 M05;	主轴停转
N160 M30;	程序结束

活动四 制订工作计划

1. 工艺分析

（1）工具选择。

毛坯用卡盘扳手装夹在三爪自定心卡盘上，用百分表校正并用加力杆夹紧。其他工具主要有垫片、刀架扳手等。

（2）量具选择。

由于内孔尺寸和轮廓表面质量无特殊要求，轮廓尺寸用游标卡尺或内径千分尺测量，内锥用孔径规测量。

（3）刀具选择。

该工件的材料为钢，切削性能较好，采用手工钻孔，加工刀具卡见表 5-1。

表 5-1 加工刀具卡

产品名称：				零件名称：阀套	
序号	刀具号	刀具规格名称	数量	加工表面	刀尖半径/mm
1					
2					
3					
4					

2. 切削用量选择

本任务主要加工外圆柱面、槽、阶梯孔、锥度孔等结构。可采用自定心卡盘夹紧外圆轮廓并进行加工。加工顺序按由内到外、由粗到精、由近到远的原则确定，需两次装夹才能加工出所有加工表面。制订本零件的切削用量，见表5-2。

表5-2　切削用量表

序号	刀具号	刀具名称	主轴转速/ (r·min⁻¹)	进给率/ (mm·r⁻¹)	背吃刀量/ mm	备注
1						
2						
3						
4						
5						
6						

3. 绘制加工路线

绘制任务零件用到的各类型刀具的加工路线，路线从换刀点到起刀点再到加工切入点，经过零件轮廓切削过程，最后到切出点和退刀点（每种类型刀具单独绘制）。

4. 编写零件加工程序

程序内容	程序说明

活动五　执行工作计划

完成表5-3中各操作流程的工作内容，并填写学习问题反馈。

表5-3　工作计划表

序号	操作流程	工作内容	学习问题反馈
1	开机检查	检查机床→开机→低速热机→回机床参考点（先回 X 轴，再回 Z 轴）	
2	工件装夹	自定心卡盘夹住工件一端，注意伸出长度	
3	刀具安装	依次将所需刀具安装在刀位上	
4	对刀操作	采用试切法对刀，依次完成各把车刀的对刀操作	
5	程序传输	将编写好的加工程序通过传输软件上传到数控系统中	
6	程序校验	锁住机床。调出所需加工程序，在"图形校验"功能下，实现零件加工刀具运动轨迹的校验	
7	零件加工	运行程序，完成零件加工。选择单步运行，结合程序观察走刀路线和加工过程。粗加工后，测量工件尺寸，针对加工误差进行适当的补偿	
8	零件检测	用量具测量加工完成的零件	

活动六　考核与评价

1. 职业素养考核

职业素养考核包括操作规范和劳动教育，是贯穿整个任务的过程性考核，占任务成绩的30%，具体考核内容见表5-4。

表5-4　职业素养考核表

考核项目		考核内容	配分/分	扣分/分	得分/分
加工前准备	纪律	服从安排、清扫场地等。违反一项扣1分	2		
	安全生产	安全着装、按规程操作等。违反一项扣1分	2		
	职业规范	机床预热，按照标准进行设备点检。违反一项扣1分	2		
加工操作过程	打刀	每打一次刀扣2分	6		
	文明生产	工具、量具、刀具定制摆放，工作台面整洁等。违反一项扣1分	6		
	违规操作	用砂布或锉刀修饰、锐边未倒钝或倒钝尺寸太大等未按规定的操作行为，扣1~2分	6		

考核项目		考核内容	配分/分	扣分/分	得分/分
加工结束后设备保养	清洁清扫	清理机床内部铁屑，确保机床表面各位置整洁；清扫机床周围卫生。违反一项扣1分	2		
	整理整顿	工具、量具的整理与定制管理。违反一项扣1分	2		
	设备保养	严格执行设备的日常点检工作。违反一项扣1分	2		
撞机床或工伤		出现撞机床或工伤事故，整个测评成绩记0分			
总分			30		

2. 零件加工质量考核

零件加工质量是零件产品合格的关键，具体评价指标见表5-5。

表5-5　阀套零件加工质量考核表

序号	检测项目	检测内容	检测要求	配分/分	学员自测尺寸	教师评价	
						检测结果	得分/分
1	外圆/mm	$\phi48_{-0.04}^{0}$	超差不得分	4			
2		$\phi40_{-0.04}^{0}$	超差不得分	4			
3	槽/mm	$3_{0}^{+0.1}$	超差不得分	4			
4		$4_{0}^{+0.1}$	超差不得分	2			
5	内孔/mm	$28_{+0.02}^{+0.05}$	超差不得分	4			
6		$32_{+0.02}^{+0.05}$	超差不得分	4			
7	长度/mm	44 ± 0.05	超差不得分	4			
8		8	超差不得分	4			
9		6	超差不得分	4			
10		16	超差不得分	3			
11		25.5	超差不得分	3			
12		34	超差不得分	3			
13		15	超差不得分	4			
14	锥度	$1:3\pm4'$	超差不得分	3			
15	其他	表面粗糙度	超差不得分	10			
16		锐角倒钝	超差不得分	5			
17		去毛刺	超差不得分	5			
总分				70			

活动七　总结与拓展

1. 任务实施情况分析

任务完成后，学生根据任务实施情况分析存在的问题及原因，并填写表5-6，教师对项目实施情况进行点评。

表5-6　任务实施情况分析表

任务实施过程	存在的问题及原因	解决办法
机床操作		
加工程序		
加工工艺		
加工质量		
安全文明生产		

2. 总结

（1）切槽车刀采用左侧刀刃作为刀位点，编程时要考虑切槽车刀的实际宽度。

（2）切槽车刀刀头强度低，容易折断，装夹时应按照要求进行装夹。

（3）当多把车刀对刀，后面的车刀对 Z 轴时，应注意不能再切削端面，以免造成加工后的零件长度与图纸要求不符合的情况。

（4）对刀时，刀具接近工件过程中进给率要尽量小，以免发生撞刀。

3. 拓展学习

在切削加工中，若工件较长，需按要求切断工件后再车削，或者在车削完成后需把工件从原材料上切割下来，这样的加工方法叫做切断。切断要用切断刀，切断刀的形状和车槽刀相似，但其刀头更为窄而长，其使用方法与切槽类似。

阀套零件
实操加工

任务六 锥轴零件的编程与加工

活动一 明确工作任务

任务编号	六	任务名称	锥轴零件的编程与加工
设备型号	CKA6140	工作区域	工程实训中心—数控车削实训区
版本	FANUC 0i	建议学时	6
参考文件	数控车数控职业技能等级证书，FANUC 数控系统操作说明书		
素养提升	1. 执行安全、文明的生产规范 2. 实施 8S 管理制度 3. 培养学生精益求精的工匠精神，增强质量意识 4. 注重质效，不断优化工艺与程序 5. 培养学生爱岗敬业、热爱劳动、规范操作、严守流程、团队协作的职业素养		
职业技能等级证书要求	1. 能根据机械制图国家标准及锥轴零件图，正确识读锥轴零件形状特征、零件加工精度、技术要求等信息 2. 能根据工作任务要求和数控车床操作手册，完成数控车床坐标系的建立、数控车床坐标节点的计算 3. 能根据零件图、机械加工工艺文件及编程手册，完成锥轴零件数控加工程序的编写		

工具/设备/材料具体如下。

类别	名称	规格型号	单位	数量
工具	卡盘扳手		把	1
	刀架扳手		把	1
	加力杆		把	1
	内六角扳手		套	1
	活动扳手		把	1
	垫片		片	若干
	铁屑钩		把	1
	卫生清洁工具		套	1
量具	钢直尺	0～300 mm	把	1
	游标卡尺	0～200 mm	把	1
	外径千分尺	25～50 mm	把	1
	半径规	$R25～50$ mm	套	1

类别	名称	规格型号	单位	数量
刀具	90°外圆车刀		把	1
	35°外圆车刀		把	1
	切断刀		把	1
耗材	棒料（45 号钢）	ϕ60 mm×110 mm	根	1

1. 工作任务

完成如图 6 – 1 所示的锥轴零件的编程与加工工作任务。

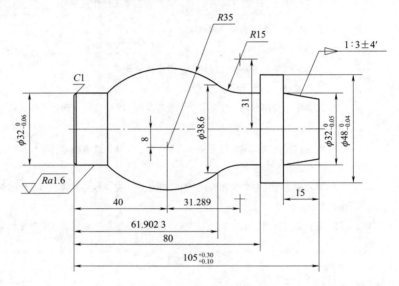

图 6 – 1　锥轴零件图样

2. 工作准备

（1）技术资料：工作任务书、教材、FANUC 数控系统操作说明书。

（2）工作场地：具备良好的照明、通风和消防设施等条件。

（3）工具、设备、材料：按"工具/设备/材料"栏目准备。

（4）教学方式：建议实施分组教学，2 ~ 3 人为一组，每组配备 1 台数控车床；通过分组讨论完成零件的工艺分析及加工工艺方案设计，通过演示和操作训练完成零件的加工。

（5）劳动防护：正确穿戴劳保用品、工作服。

（6）耗材：各学校可根据具体情况选用尼龙棒代替。

活动二　思考引导问题

（1）完成该任务需要用到哪些车刀？

（2）如何正确使用 G73、G70 指令？

（3）如何选择加工切削用量？

（4）为什么不能用 G71 指令进行编程加工？

活动三 知识链接

本任务常用编程指令如下。

1. 封闭切削循环指令 G73

锥轴的编程
与加工

（1）指令功能。

G73 指令适用于对铸、锻毛坯的切削，并且毛坯轮廓形状与零件轮廓基本接近，对零件轮廓的单调性没有要求。其走刀路线如图 6 - 2 所示。

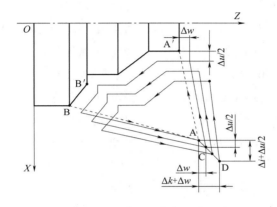

图 6 - 2   G73 指令走刀路线

（2）指令格式。

G73 U（Δi）W（Δk）R（Δd）；

G73 P（ns）Q（nf）U（Δu）W（Δw）F（f）S（s）T（t）；

（3）指令说明。

①Δi：X 轴方向的退刀总距离（半径值）。

②Δk：Z 轴方向的退刀总距离。

③Δd：分割次数，即粗加工重复次数。

其余参数的含义与 G71 指令相同。

注意：在 ns 程序段可以有 X、Z 轴方向的移动。G73 指令适用于已初成形毛坯的粗加工。

例：如图 6 - 3 所示，用 G73 指令编写循环加工程序，粗加工刀为 T0101。其中双点画线部分为零件毛坯。

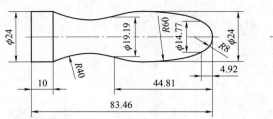 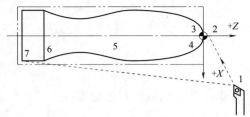

图 6-3 G73 指令的应用

参考程序如下:

| O0012; | 程序名 |

O0012;　　　　　　　　　　　　　　　　程序名

N010 G21 G97 G99 G40;　　　　　　　　初始化程序

N020 M03 S400 T0101;　　　　　　　　　主轴正转, 转速为 400 r/min, 换 1 号刀具

N030 G00 X30.0 Z10.0;　　　　　　　　快移至循环起点 1

N040 G73 U14.0 W0 R6;　　　　　　　　X 余量为 14.0 mm, Z 余量为 0 mm, 6 次走刀

N050 G73 P060 Q110 U1.0 W0.4 F1.0;　粗加工, X 精加工余量为 1.0 mm, Z 精加工余量为 0.4 mm

N060 G01 X0 Z2.0 S1000 F0.1;　　　　点 2

N070 G01 Z0;　　　　　　　　　　　　点 3

N080 G03 X14.77 Z-4.92 R8.0;　　　　点 4

N090 X19.19 Z-44.81 R60.0;　　　　　点 5

N100 G02 X24.0 Z-73.46 R40.0;　　　点 6

N110 G01 Z-83.46;　　　　　　　　　　点 7

N120 G70 P70 Q110;　　　　　　　　　精加工循环

N130 G00 X100.0 Z50.0;　　　　　　　快退至换刀点

N140 M05;　　　　　　　　　　　　　　主轴停转

N150 M30;　　　　　　　　　　　　　　程序结束

2. 精加工循环指令 G70

(1) 指令功能。

由 G71 指令完成粗加工后, 可以用 G70 指令进行零件精加工。

(2) 指令格式。

G70 P (ns) Q (nf) F (f) S (s) T (t);

(3) 指令说明。

ns、nf: 精加工轮廓程序段中开始段、结束段的段号。

注意: 精加工时, G71、G72、G73 程序段中的 F、S、T 指令无效, 只有在 $ns \sim nf$ 程序段中的 F、S、T 指令才有效。

例：按图6-4所示尺寸，用G71和G70指令编写粗加工循环加工程序，粗加工刀为T0101。

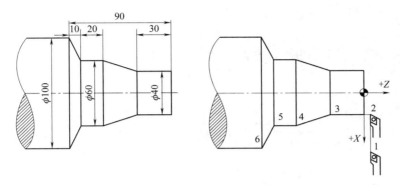

图6-4 G71和G70指令的应用

参考程序如下：

O0009；	程序名
N010 G21 G97 G99 G40；	初始化程序
N020 M03 S600 T0101；	主轴正转，转速为600 r/min，换1号刀具
N030 G00 X102.0 Z2.0；	快移至循环起点1
N040 M08；	打开切削液
N060 G71 U1.5 R1.0；	每次切深为1.5 mm（半径），退刀量为1.0 mm
N070 G71 P080 Q120 U0.3 W0.2 F1.0；	粗加工，X余量为0.3 mm，Z余量为0.2 mm
N080 G00 X40.0 S1000；	
N090 G01 Z-30.0 F0.15；	
N100 X60.0 W-30.0；	精加工路线为2→3→4→5→6
N110 W-20.0；	
N120 X100.0 W-10.0；	
N130 G70 P080 Q120；	精加工
N140 G00 X150.0 Z50.0；	快退至换刀点
N150 M30；	程序结束

活动四 制订工作计划

1. 工艺分析

（1）工具选择。

毛坯用卡盘扳手装夹在三爪自定心卡盘上，用百分表校正并用加力杆夹紧。其他工具主要有垫片、刀架扳手等。

（2）量具选择。

由于工件表面尺寸和表面质量无特殊要求，外圆柱面尺寸用游标卡尺或外径千分尺测量，圆弧面用半径规测量。

（3）刀具选择。

该工件的材料为钢，切削性能较好，加工刀具卡见表6－1。

表6－1　加工刀具卡

产品名称：				零件名称：锥轴	
序号	刀具号	刀具规格名称	数量	加工表面	刀尖半径/mm
1					
2					
3					
4					

2. 切削用量选择

本任务主要加工外圆柱面、端面、锥面等结构。可采用自定心卡盘夹紧外圆轮廓并进行加工。加工顺序按由粗到精、由近到远的原则确定，需两次装夹才能加工出所有加工表面。制订本零件的切削用量，见表6－2。

表6－2　切削用量表

序号	刀具号	刀具名称	主轴率/ $(r \cdot min^{-1})$	进给率/ $(mm \cdot r^{-1})$	背吃刀量/ mm	备注
1						
2						
3						
4						

3. 绘制加工路线

绘制任务零件用到的各类型刀具的加工路线，路线从换刀点到起刀点再到加工切入点，经过零件轮廓切削过程，最后到切出点和退刀点（每种类型刀具单独绘制）。

4. 编写零件加工程序

程序内容	程序说明

学习笔记

程序内容	程序说明

活动五　执行工作计划

完成表 6－3 中各操作流程的工作内容，并填写学习问题反馈。

锥轴零件编程与加工—实操

表 6－3　工作计划表

序号	操作流程	工作内容	学习问题反馈
1	开机检查	检查机床→开机→低速热机→返回机床参考点（先回 X 轴，再回 Z 轴）	
2	工件装夹	自定心卡盘夹住工件一端，注意伸出长度	
3	刀具安装	依次将所需刀具安装在刀位上	
4	对刀操作	采用试切法对刀，依次完成各把车刀的对刀操作	
5	程序传输	将编写好的加工程序通过传输软件上传到数控系统中	
6	程序校验	锁住机床。调出所需加工程序，在"图形校验"功能下，实现零件加工刀具运动轨迹的校验	
7	零件加工	运行程序，完成零件加工。选择单步运行，结合程序观察走刀路线和加工过程。粗加工后，测量工件尺寸，针对加工误差进行适当的补偿	
8	零件检测	用量具测量加工完成的零件	

活动六　考核与评价

1. 职业素养考核

职业素养考核包括操作规范和劳动教育，是贯穿整个任务的过程性考核，占任务成绩的 30%，具体考核内容见表 6－4。

表 6－4　职业素养考核表

考核项目		考核内容	配分/分	扣分/分	得分/分
加工前准备	纪律	服从安排、清扫场地等。违反一项扣 1 分	2		
	安全生产	安全着装、按规程操作等。违反一项扣 1 分	2		
	职业规范	机床预热，按照标准进行设备点检。违反一项扣 1 分	2		
加工操作过程	打刀	每打一次刀扣 2 分	6		
	文明生产	工具、量具、刀具定制摆放，工作台面整洁等。违反一项扣 1 分	6		
	违规操作	用砂布或锉刀修饰、锐边未倒钝或倒钝尺寸太大等未按规定的操作行为，扣 1～2 分	6		

考核项目		考核内容	配分/分	扣分/分	得分/分
加工结束后设备保养	清洁清扫	清理机床内部铁屑,确保机床表面各位置整洁;清扫机床周围卫生。违反一项扣1分	2		
	整理整顿	工具、量具的整理与定制管理。违反一项扣1分	2		
	设备保养	严格执行设备的日常点检工作。违反一项扣1分	2		
撞机床或工伤		出现撞机床或工伤事故,整个测评成绩记0分			
总分			30		

2. 零件加工质量考核

零件加工质量是零件产品合格的关键,具体评价指标见表6-5。

表6-5 锥轴零件加工质量考核表

序号	检测项目	检测内容	检测要求	配分/分	学员自测尺寸	教师评价	
						检测结果	得分/分
1	外圆/mm	$\phi48_{-0.04}^{0}$	超差不得分	8			
2		$32_{-0.06}^{0}$	超差不得分	8			
3		$R35$	超差不得分	6			
5	长度/mm	$105_{+0.1}^{+0.3}$	超差不得分	8			
6		15	超差不得分	8			
7		80	超差不得分	6			
8	锥度	$1:3\pm4'$	超差不得分	6			
9	其他	表面粗糙度	超差不得分	10			
10		锐角倒钝	超差不得分	5			
11		去毛刺	超差不得分	5			
总分				70			

活动七 总结与拓展

1. 任务实施情况分析

任务完成后,学生根据任务实施情况分析存在的问题及原因,并填写表6-6,教师对项目实施情况进行点评。

表6-6 任务实施情况分析表

任务实施过程	存在的问题	解决的办法
机床操作		
加工程序		
加工工艺		
加工质量		
安全文明生产		

2. 总结

（1）G73 指令适用于凹凸曲线类轮廓零件的车削编程及成形毛坯加工。一般不用于棒料的加工，用于棒料的加工会有较多的空行程，效率较低。

（2）G73 指令循环开始前要定义一个循环起点，该起点在 X 向略大于最大毛坯直径，Z 向离开工件 1~3 mm 即可。

（3）精加工路径的第一段既可以是 X 向的刀具移动，也可以是 Z 向的刀具移动，也可以 X、Z 同时移动，这一点不同于 G71/G72 指令。

（4）使用 G73 指令进行编程时，在其 $ns \sim nf$ 的程序段中，不能含有固定循环、参考点返回、螺纹切削、宏程序调用（G73 指令除外）或子程序调用等指令。

（5）在 G71、G72、G73 指令程序段中的 Δw、Δu 是指精加工余量值，该值按其余量的方向有正、负之分。另外，G73 指令中的 Δi、Δk 值也有正、负之分，其正、负值是根据刀具位置和进退刀方式来确定的。

3. 拓展学习

封闭切削循环也称固定形状粗车循环，适合于毛坯形状已基本成型且尺寸接近工件成品尺寸的零件加工。在加工普通未切除的棒料毛坯时，为了提高加工效率，可先利用 G71 等循环指令将棒料毛坯的大部分余量去除。

锥轴零件编程与
加工—仿真加工

任务七　非圆曲线轮廓的编程与加工

活动一　明确工作任务

任务编号	七	任务名称	非圆曲线轮廓的编程与加工
设备型号	CKA6140	工作区域	工程实训中心—数控车削实训区
版本	FANUC 0i	建议学时	6
参考文件	数控车数控职业技能等级证书，FANUC 数控系统操作说明书		
素养提升	1. 执行安全、文明的生产规范 2. 实施 8S 管理制度 3. 培养学生自力更生、独立思考、艰苦奋斗的习惯 4. 强化学生的责任和担当意识，提升爱国情操 5. 培养学生爱岗敬业、热爱劳动、规范操作、严守流程、团队协作的职业素养		
职业技能等级证书要求	1. 能根据机械制图国家标准及非圆曲线轮廓零件图，正确识读非圆曲线轮廓零件的形状特征、零件加工精度、技术要求等信息 2. 能根据工作任务要求和数控车床操作手册，完成数控车床坐标系的建立、数控车床坐标节点的计算 3. 能根据零件图、机械加工工艺文件及编程手册，完成非圆曲线轮廓零件数控加工程序的编写		

工具/设备/材料具体如下。

类别	名称	规格型号	单位	数量
工具	卡盘扳手		把	1
	刀架扳手		把	1
	加力杆		把	1
	内六角扳手		套	1
	活动扳手		把	1
	垫片		片	若干
	铁屑钩		把	1
	卫生清洁工具		套	1
量具	钢直尺	0～300 mm	把	1
	游标卡尺	0～200 mm	把	1
刀具	35°外圆车刀		把	1
	切断刀		把	1
耗材	棒料（45 号钢）	ϕ35 mm×100 mm	根	1

1. 工作任务

完成图 7 - 1 所示的非圆曲线轮廓零件的编程与加工。

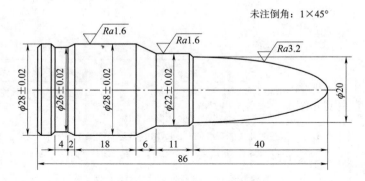

未注倒角：1×45°

图 7 - 1　非圆曲线轮廓零件图样

2. 工作准备

（1）技术资料：工作任务书、教材、FANUC 数控系统操作说明书。

（2）工作场地：具备良好的照明、通风和消防设施等条件。

（3）工具、设备、材料：按"工具/设备/材料"栏目准备。

（4）教学方式：建议实施分组教学，2~3 人为一组，每组配备 1 台数控车床。通过分组讨论完成零件的工艺分析及加工工艺方案设计，通过演示和操作训练完成零件的加工。

（5）劳动防护：正确穿戴劳保用品、工作服。

（6）耗材：各学校可根据具体情况选用尼龙棒代替。

活动二　思考引导问题

（1）完成本任务需要用到哪些车刀？

（2）非圆曲线轮廓主要包括哪些？

（3）在编写宏程序时要注意什么？

（4）如何正确运用判断语句？

（5）如何确定程序中的变量？

活动三　知识链接

1. 宏程序的概念

（1）宏程序的定义。

圆曲线编程与加工

一组以子程序的形式存储并带有变量的程序称为用户宏程序，简称宏程序。调用宏程序的指令称为用户宏程序命令或宏程序调用指令。

（2）宏程序与普通程序的区别。

普通程序的程序字为常量，一个程序只能描述一个几何形状，缺乏灵活性和适用性；而宏程序体中可以使用变量进行编程，还可以用宏指令对这些变量进行赋值、运算等处理，从而可以使用宏程序执行一些规律变化的动作。

（3）宏程序的分类。

宏程序分为 A、B 两类。在一些较老的 FANUC 系统（如 FANUC 0i – MD）中采用 A 类宏程序，可读性较差；而在较为先进的 FANUC 系统（如 FANUC 0i）中则采用 B 类宏程序。本节主要介绍 B 类宏程序。

2. 变量

在普通的零件加工程序中，指定地址码并直接用数字值表示移动的距离，如 G01 X100.0 F60。而在宏程序中，可以使用变量来代替地址后面的数值，在程序中或 MDI 模式下对其进行赋值。变量的使用可以使宏程序具有通用性，并且在宏程序中可以使用多个变量，彼此之间用变量号进行识别。

1）变量的形式

变量由变量符号"#"和后面的变量号组成，如"$\#i\ (i = 1,\ 2,\ 3,\ \cdots) = 100$"；也可由表达式来表示变量，如"$\#[\#1 + \#2 - 60]$"。

2）变量的使用

（1）在程序中使用变量值时，应指定后面变量号的地址。当用表达式指定变量时，必须把表达式放在括号中。例如：

Z#30；　　　　若#30 = 20.0，则表示 Z20.0

F#11；　　　　若#11 = 100.0，则表示 F100

（2）改变引用变量的值的符号，要把"–"放在"#"的前面。例如：

G00 X – #11；

G01 X – [#11 + #22] F#3；

（3）当引用未定义的变量时，变量及地址都被忽略。例如，当变量"#11"的值是 0，并且变量"#22"的值是空时，G00 X#11 Y#22 的执行结果为 G00 X0。

注意：从上例可以看出，"变量的值是 0"与"变量的值是空"是两个完全不同的概念。可以这样理解："变量的值是 0"相当于"变量的数值等于 0"，而"变量的值是空"则意味着"该变量对应的地址根本就不存在、不生效"。

（4）不能用变量代表的地址符有程序号 O、顺序号 N、任选程序段跳转号"/"。例如，以下三种情况不能使用变量：

O#1；

/OH#2 G00 X100.0；

N#3 Y200.0；

另外，使用 ISO 代码编程时，可用"#"表示变量；若用 EIA 代码，则应用"&"

代替"#"，因为 EIA 代码中没有"#"。

3）变量的赋值

（1）直接赋值。

赋值是指将一个数据赋予一个变量。例如，"#1＝10"表示"#1"的值是 10，其中"#1"代表变量（注意：数控系统不同，表示方法可能有差别），10 就是给变量"#1"赋的值。这里的"＝"是赋值符号，起语句定义作用。

赋值的规律如下。

①赋值符号"＝"两边的内容不能随意互换，左边只能是变量，右边可以是表达式、数值或变量。

②一个赋值语句只能给一个变量赋值，整数的小数点可以省略。

③可以多次给一个变量赋值，新变量值将取代原变量值（即最后赋的值生效）。赋值语句具有运算功能，它的一般形式是，变量＝表达式。例如：

#1＝#1＋1;

#6＝#24＋#4＊COS［#5］;

④赋值表达式的运算顺序与数学运算顺序相同。

⑤辅助功能（M 代码）的变量有最大值限制，例如，给 M30 赋值 300 显然是不合理的。

（2）引数赋值。

宏程序体以子程序方式出现，所用的变量可在宏调用时在主程序中赋值。例如：

G65 P2001 X100.0 Y20.0 F20.0;

其中，X、Y、F 对应于宏程序中的变量号，变量的具体数值由引数后的数值决定。引数与宏程序体中变量的对应关系有两种，分别见表 7－1 和表 7－2。两种方法可以混用，其中 G、L、N、O、P 不能作为引数为变量赋值。

表 7－1　变量赋值方法 1

地址	变量号	地址	变量号	地址	变量号
A	#1	I	#4	T	#20
B	#2	J	#5	U	#21
C	#3	K	#6	V	#22
D	#7	M	#13	W	#23
E	#8	Q	#17	X	#24
F	#9	R	#18	Y	#25
H	#11	S	#19	Z	#26

表 7 - 2 变量赋值方法 2

地址	变量号	地址	变量号	地址	变量号
A	#1	K3	#12	J7	#23
B	#2	I4	#13	K7	#24
C	#3	J4	#14	I8	#25
I1	#4	K4	#15	J8	#26
J1	#5	I5	#16	K8	#27
K1	#6	J5	#17	I9	#28
I2	#7	K5	#18	J9	#29
J2	#8	I6	#19	K9	#30
K2	#9	J6	#20	I10	#31
I3	#10	K6	#21	J10	#32
J3	#11	I7	#22	K10	#33

使用变量赋值方法 1 的指令示例如下。

G65 P2001 A100.0 X20.0 F20.0；

    ↓   ↓   ↓

    #1 #24 #9

使用变量赋值方法 2 的指令示例如下。

G65 P2002 A10.0 I5.0 J0 K20.0 I0 J30 K9；

   ↓ ↓ ↓ ↓ ↓ ↓ ↓

  #1 #4 #5 #6 #7 #8 #9

4）变量类型

变量从功能上主要可分为以下两种。

（1）系统变量（系统占用部分），用于系统内部运算时各种数据的存储。

（2）用户变量，包括局部变量和公共变量，用户可以单独使用，系统把用户变量作为处理资料的一部分。

变量类型见表 7 - 3。

表 7 - 3　变量类型

变量名		类型	功能
#0		空变量	该变量总是空，没有值能赋予该变量
用户变量	#1 ~ #33	局部变量	局部变量只能在宏程序中存储数据，如运算结果。断电时，局部变量被清除（初始化为空），可以在程序中对其赋值

变量名		类型	功能
用户变量	#100～#199 #500～#999	公共变量	公共变量在不同的宏程序中的意义相同（即公共变量对于主程序和从这些主程序调用的每个宏程序来说是公用的）。断电时，#100～#199 数据被清除（初始化为空），通电时复位到 0；而#500～#999 数据，即使在断电时也不清除
#1 000 及以上		系统变量	系统变量用于读写 CNC 运行时的各种数据变化，如刀具当前位置和补偿值等

5）变量的运算

（1）运算类型。

在宏程序中，变量可以进行赋值运算、算术运算、逻辑运算、函数运算、关系运算等，详见表 7 - 4。

表 7 - 4　变量的各种运算

变量名		格式
赋值、定义、置换		$\#i = \#j$
函数运算	加法	$\#i = \#j + \#k$
	减法	$\#i = \#j - \#k$
	乘法	$\#i = \#j * \#k$
	除法	$\#i = \#j / \#k$
	正弦（度）	$\#i = SIN\,[\#j]$
	反正弦	$\#i = ASIN\,[\#j]$
	余弦（度）	$\#i = COS\,[\#j]$
	反余弦	$\#i = ACOS\,[\#j]$
	正切（度）	$\#i = TAN\,[\#j]$
	反正切	$\#i = ATAN\,[\#j]\,/\,[\#k]$
	平方根	$\#i = SQRT\,[\#j]$
	绝对值	$\#i = ABS\,[\#j]$
	四舍五入整数化	$\#i = ROUND\,[\#j]$
	指数函数	$\#i = EXP\,[\#j]$
	（自然）对数	$\#i = LN\,[\#j]$
	上取整（舍去）	$\#i = FIX\,[\#j]$
	下取整（进位）	$\#i = FUP\,[\#j]$

变量名		格式
逻辑运算	与	#*i* AND #*j*
	或	#*i* OR #*j*
	异或	#*i* XOR #*j*
关系运算	等于（=）	#*i* EQ #*j*
	不等于（≠）	#*i* NE #*j*
	大于（>）	#*i* GT #*j*
	大于或等于（≥）	#*i* GE #*j*
	小于（<）	#*i* LT #*j*
	小于或等于（≤）	#*i* LE #*j*
从 BCD 转为 BIN		#*i* = BIN［#*j*］
从 BIN 转为 BCD		#*i* = BCD［#*j*］

（2）混合运算时的运算顺序。

在混合运算中涉及运算的优先级，优先级从高到低依次为函数运算、算术运算、关系运算、逻辑运算。

（3）括号嵌套。

用"［］"可以改变运算顺序，最里层的括号优先运算。括号最多可以嵌套五级（包括函数内部使用的括号）。

3. 转移与循环

在程序中，使用 GOTO 语句和 IF 语句可以改变程序的流向，有三种转移和循环语句可供使用。

1）无条件转移语句（GOTO 语句）

无条件转移是指转移（跳转）到标有顺序号 *n*（即俗称的行号）的程序段。当指定 1~99 999 以外的顺序号时，系统将报警。其格式如下：

GOTO *n*；　　　　　　　　*n* 为顺序号（1~99 999）

例如，GOTO 100；语句的功能是转移至第 100 行处开始执行。

2）条件转移语句（IF 语句）

（1）格式 1。

IF［<条件表达式>］GOTO *n*

如果指定的条件表达式为真，则转移（跳转）到标有顺序号 *n* 的程序段；如果指定的条件表达式为假，则顺序执行下个程序段。

（2）格式 2。

IF［<条件表达式>］THEN

如果指定的条件表达式满足时，则执行预先指定的宏程序语句，而且只执行一个宏程序语句。例如：

IF［#1 EQ #2］THEN #3 = 10；

如果"#1"和"#2"的值相同，则"#3"的值是 10。

注意：

①条件表达式必须包括关系运算符，并且用"［ ］"封闭。关系运算符插在两个变量中间或变量和常量中间。

②关系运算符由两个字母组成，用于两个值的比较，以决定它们是相等还是一个值小于或大于另一个值。

3）循环语句（WHILE 语句）

在 WHILE 后指定一个条件表达式，当指定条件表达式为真时，执行从 DO 到 END 的程序，否则转到 END 后的程序段。

DO 后的标号和 END 后的标号是指定程序执行范围的标号，标号值为 1、2、3，若用其他数值，系统将报警。

嵌套在 DO...END 循环中的标号 1、2、3 可根据需要多次使用，但当程序有交叉重复（循环 DO 范围重叠）时，系统将报警。

4. 宏程序调用

宏程序调用指令既可以在主程序体中使用，也可以当作子程序来调用。

（1）放在主程序体中。

例如：

...

N50 #100 = 30. 0；

N60 #101 = 20. 0；

N70 G01 X#100 Y#101 F500；

...

（2）当作子程序调用。

当指定 G65 指令时，以地址 P 指定的宏程序被调用，数据自变量传递到宏程序体中，如图 7 - 2 所示。

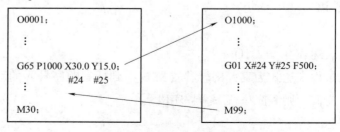

图 7 - 2　宏程序调用指令 G65

调用格式如下。

G65 P ⨯⨯⨯⨯ L□□□□ <…>

引数及引数指定值
重复次数（1~9 999次）
宏程序号

说明：

①G65 必须放在句首。

②省略 L 值时认为 L 值等于1。

③一个引数是一个字母，对应于宏程序中变量的地址（见表 7–1 和表 7–2），引数后面的数值赋给宏程序中与引数对应的变量。

④同一语句中可以有多个引数，若用变量赋值方法 1 和变量赋值方法 2 混合赋值，后赋值的变量类型有效。例如：

G65 P1000 A1.0 B2.0 I–3.0 I4.0 D5.0；

其中，I4.0 和 D5.0 都给变量#7 赋值，但后者 D5.0 有效。

例：采用角度步长 1°、初始角度 0°、终止角度 360°加工如图 7–3 所示的深度为 –2.0 mm的椭圆。

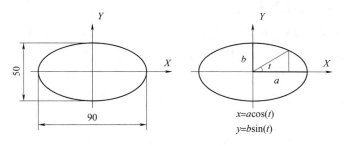

$x=a\cos(t)$
$y=b\sin(t)$

图 7–3 椭圆零件图样

方法一参考程序如下。

O4008；	程序名
N010 #100 = 0；	变量#100 为初始值
N020 G54 G90 G00 X65.0 Y0 Z100.0；	定位于（65，0，100）上方
N030 S1000 M03；	主轴旋转
N040 G01 Z–2.0 F1000；	下刀至切深
N050 #112 = 45 * COS［#100］；	计算 X 坐标值
N060 #113 = 25 * SIN［#100］；	计算 Y 坐标值
N070 G01 G42 X#112 Y#113 DO2 F500；	运行 1°步长
N080 #100 = #100 + 1；	变量#100 增加 1°步长
N090 IF［#100 LE 360］GOTO 50；	判断#100 是否小于或等于 360，满足则返回 50

N100 G01 G40 X65.0 Y0；　　　　　　取消刀具补偿，回到（65，0）

N110 G90 G00 Z100.0 M05；　　　　　快速抬刀至安全高度

N120 M30；　　　　　　　　　　　　程序结束

方法二参考程序如下。

O4008；

N010 G54 G90 G00 X0 Y0 Z100.0；　　定位 G54 上方安全高度

N020 S1000 M03；　　　　　　　　　主轴旋转

N030 G65 P2000 A45.0 B25.0 C1.0 I0 J360.0 K－2.0；调用宏程序，变量赋值

　　　　　　　↓　　　↓　　↓↓　　↓　　　↓

　　　　　　　#1　　　#2　　#3#4　#5　　　#6

N040 G00 Z100.0 M05；　　　　　　　快速抬刀至安全高度

N050 M30；　　　　　　　　　　　　程序结束

02000　　　　　　　　　　　　　　　宏程序

N010 G90 G00 X〔#1＋20〕Y0 Z100.0；定位于（65，0，100）上方

N020 G01 Z#6 F1000；　　　　　　　下刀至切深

N030 #100 ＝#1 ∗ COS〔#4〕；　　　计算 X 坐标值

N040 #101 ＝#2 ∗ SIN〔#4〕；　　　计算 Y 坐标值

N050 G01 G42 X#100 Y#101 D02 F500.0；运行 1°步长

NO60 #4 ＝#4 ＋#3；　　　　　　　　变量#4 增加 1°步长

NO70 IF〔#4　LE #5〕GOTO 30；　　条件判断#4 是否小于或等于 360，

　　　　　　　　　　　　　　　　　满足则返回 N030

N080 G01 G40 X〔#1＋20〕Y0；　　取消刀具补偿，回到点（65，0）

N090 G90 G00 Z100.0；　　　　　　　快速抬刀至安全高度

N100 M99；　　　　　　　　　　　　子程序结束

活动四　制订工作计划

1. 工艺分析

（1）工具选择。

毛坯用卡盘扳手装夹在三爪自定心卡盘上，用百分表校正并用加力杆夹紧。其他工具主要有垫片、刀架扳手等。

（2）量具选择。

由于工件表面尺寸和表面质量无特殊要求，轮廓尺寸用游标卡尺测量。

（3）刀具选择。

该工件的材料为钢，切削性能较好，加工刀具卡见表 7－5。

表7-5 加工刀具卡

产品名称：				零件名称：非圆曲线轮廓零件	
序号	刀具号	刀具规格名称	数量	加工表面	刀尖半径/mm
1					
2					
3					
4					

2. 切削用量选择

制订本零件的切削用量，见表7-6。

表7-6 切削用量表

序号	刀具号	刀具名称	主轴转速/ $(r \cdot min^{-1})$	进给率/ $(mm \cdot r^{-1})$	背吃刀量/ mm	备注
1						
2						
3						
4						

3. 绘制加工路线

绘制任务零件用到的各类型刀具的加工路线，路线从换刀点到起刀点再到加工切入点，经过零件轮廓切削过程，最后到切出点和退刀点（每种类型刀具单独绘制）。

4. 编写零件加工程序

程序内容	程序说明

程序内容	程序说明

活动五 执行工作计划

完成表 7-7 中各操作流程的工作内容，并填写学习问题反馈。

非圆曲线编程与
加工—仿真加工

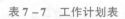

表 7-7 工作计划表

序号	操作流程	工作内容	学习问题反馈
1	开机检查	检查机床→开机→低速热机→回机床参考点（先回 X 轴，再回 Z 轴）	
2	工件装夹	自定心卡盘夹住工件一端，注意伸出长度	
3	刀具安装	依次将所需刀具安装在刀位上	
4	对刀操作	采用试切法对刀，依次完成各把车刀的对刀操作	

序号	操作流程	工作内容	学习问题反馈
5	程序传输	将编写好的加工程序通过传输软件上传到数控系统中	
6	程序校验	锁住机床。调出所需加工程序，在"图形校验"功能下，实现零件加工刀具运动轨迹的校验	
7	零件加工	运行程序，完成零件加工。选择单步运行，结合程序观察走刀路线和加工过程。粗加工后，测量工件尺寸，针对加工误差进行适当的补偿	
8	零件检测	用量具测量加工完成的零件	

活动六　考核与评价

1. 职业素养考核

职业素养考核包括操作规范和劳动教育，是贯穿整个任务的过程性考核，占任务成绩的30%，具体考核内容见表7-8。

表7-8　职业素养考核表

考核项目		考核内容	配分/分	扣分/分	得分/分
加工前准备	纪律	服从安排、清扫场地等。违反一项扣1分	2		
	安全生产	安全着装，按规程操作等。违反一项扣1分	2		
	职业规范	机床预热，按照标准进行设备点检。违反一项扣1分	2		
加工操作过程	打刀	每打一次刀扣2分	6		
	文明生产	工具、量具、刀具定制摆放，工作台面整洁等。违反一项扣1分	6		
	违规操作	用砂布或锉刀修饰、锐边未倒钝或倒钝尺寸太大等未按规定的操作行为，扣1~2分	6		
加工结束后设备保养	清洁清扫	清理机床内部铁屑，确保机床表面各位置整洁；清扫机床周围卫生。违反一项扣1分	2		
	整理整顿	工具、量具的整理与定制管理。违反一项扣1分	2		
	设备保养	严格执行设备的日常点检工作。违反一项扣1分	2		
撞机床或工伤		出现撞机床或工伤事故，整个测评成绩记0分			
总分			30		

2. 零件加工质量考核

零件加工质量是零件产品合格的关键，具体评价指标见表7-9。

表7-9　非圆曲线轮廓加工质量考核表

序号	检测项目	检测内容	检测要求	配分/分	学员自测尺寸	教师评价	
						检测结果	得分/分
1	外轮廓/mm	$\phi28\pm0.02$	超差不得分	5			
2		$\phi26\pm0.02$	超差不得分	5			
3		$\phi22\pm0.02$	超差不得分	5			
4		$\phi20$	超差不得分	5			
5	长度尺寸/mm	86	超差不得分	5			
6		40	超差不得分	5			
7		11	超差不得分	4			
8		18	超差不得分	4			
9		4	超差不得分	4			
10		6	超差不得分	4			
11		2	超差不得分	4			
12	其他	表面粗糙度	超差不得分	10			
13		锐角倒钝	超差不得分	5			
14		去毛刺	超差不得分	5			
	总分			70			

活动七　总结与拓展

1. 任务实施情况分析

任务完成后，学生根据任务实施情况分析存在的问题及原因，并填写表7-10，教师对项目实施情况进行点评。

表7-10　任务实施情况分析表

任务实施过程	存在的问题	解决办法
机床操作		
加工程序		
加工工艺		
加工质量		
安全文明生产		

2. 总结

（1）精加工前应留有足够的加工余量，测量工件尺寸并根据测量数据调整补偿量，保证尺寸的合格性。

（2）当要加工的工件起点直径为 0 时，应特别注意 Z 向的对刀，避免出现该位置处过渡不均匀或留有凸台。

（3）加工过程中应注意观察加工面的表面粗糙度，及时调整加工参数。

（4）对工件进行加工工艺分析时要注意观察工件在 X 向和 Z 向尺寸的单调性，选择合适的切削循环指令和外圆车刀。

3. 拓展学习

在车削过程中，因为非圆曲线是运用拟合处理的方式进行走刀的，所以编程中变量变动的数值不宜过大，否则会直接影响到曲面的加工精度、表面粗糙度和外观的光滑性。

非圆曲线编程与
加工—实操

素养拓展

大国工匠曹彦生：导弹"翅膀"的雕刻师

来自中国航天科工二院的高级技师曹彦生，获得了第三届全国职工职业技能大赛数控铣工组亚军，是最年轻的北京市"金牌教练"。

在学生时代，曹彦生就对数控加工技术产生了浓厚的兴趣。利用课余和暑假时间，曹彦生主动帮学校的数控实训中心老师看门、做杂活，借机学习数控加工技术。这股执着的学习精神令数控实训中心老师动容，在老师的指导下，他具备了独立操作设备编程加工的能力。

2005 年，刚毕业的曹彦生满怀梦想和憧憬来到 283 厂工作。但是当时的厂房环境不够现代化，须将沉重的导轨抬上龙门铣床。曹彦生就每天穿着大头皮鞋，来回蹚在冷却液中，双脚时常被浸透；任务紧张时，他会主动工作 14 h 以上；为了确保加工过程万无一失，他自学了仿真软件，将先进的五轴加工技术和仿真技术结合起来。经过曹彦生的不懈努力，被誉为导弹"翅膀"的空气舵最终被加工出来，其对称度满足了导弹的发射及飞行要求。

曹彦生首次将高速加工技术和多轴加工技术结合，发明的"高效圆弧面加工法"为航天企业节省生产成本数千万元；他提出的多项新型加工理念，让蜂窝材料、铝基碳化硅复合材料等新材料加工瓶颈问题迎刃而解，为航天装备新材料选用提供了有力保障。

单元小测

一、选择题

1. 数控机床的诞生是在（   ）年代。

A. 50　　　　　　　B. 60　　　　　　　C. 70　　　　　　　D. 80

2. 关于 FANUC 系统外圆粗切循环指令 G71，下列说法错误的是（   ）。

A. P 表示精加工形状程序段中的开始程序段号

B. W 表示精加工余量

C. R 表示粗加工的次数

D. G71 指令由两行程序段组成

3. 在 FANUC 系统中，调用子程序的指令是（   ）。

A. M98　　　　　　B. M99　　　　　　C. M02　　　　　　D. M05

4. 圆弧插补指令 G03 X_Y_R_ 中，X、Y 后的值表示圆弧的（   ）。

A. 起点坐标值　　　　　　　　B. 终点坐标值

C. 圆心坐标相对于起点的值　　　D. 起点相对于圆心的坐标值

5. 数控车床中，转速功能字 S 可指定（   ）。

A. mm/r　　　　　B. r/mim　　　　　C. mm/min　　　　　D. mm/s

6. 辅助功能中与主轴有关的 M 指令是（   ）。

A. M08　　　　　　B. M09　　　　　　C. M06　　　　　　D. M05

7. 程序结束，程序复位到起始位置的指令是（   ）。

A. M00　　　　　　B. M01　　　　　　C. M02　　　　　　D. M30

8. G00 指令的移动速度值由（   ）。

A. 机床参数指定　B. 数控程序指定　C. 操作面板指定　D. 操作人员

9. 以下指令中（   ）为模态指令。

A. G41　　　　　　B. G28　　　　　　C. G04　　　　　　D. G53

10. 车床上，刀尖圆弧在加工（   ）时才产生加工误差。

A. 端面　　　　　B. 外圆柱面　　　　C. 圆弧　　　　　D. 内圆柱面

二、判断题

1. 一个完整的程序是由程序号、程序内容和程序结束三部分组成的。（   ）

2. 数控机床的插补过程，实际上是用微小的直线段逼近曲线的过程。（   ）

3. 非模态代码只在写该代码的程序段中有效，如 G04、M02 指令等。（   ）

4. 准备功能又称 M 功能。（   ）

5. 数控车床的刀具补偿功能有刀尖半径补偿与刀具位置补偿。（   ）

6. 直线插补指令 G01 中，用 F 指定的速度是沿着直线移动的刀具速度。（   ）

7. 子程序的编写方式必须是增量方式。 （　　）

8. 一个数控车床程序的编制中可混合采用绝对坐标编程和增量编程。 （　　）

9. 刀具半径补偿建立或取消时，程序段的起始位置与终点位置可以与补偿方向不在同侧。 （　　）

10. 在选用切削用量时，粗加工一般以提高生产效率为主。 （　　）

课后拓展

完成图7-4所示零件的编程与加工。毛坯为 ϕ50 mm 钢料。

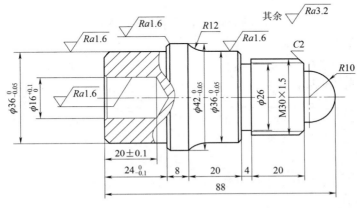

技术要求：

1. 不准用砂布及锉刀等修饰表面。

2. 未注倒角C1。

3. 未注公差尺寸按GB/T 1804-M。

图7-4　零件图样

项目二 数控铣削编程与加工

任务八 认识数控铣床

活动一 明确工作任务

任务编号	八	任务名称	认识数控铣床
设备型号	CY – VMC950LH	工作区域	工程实训中心—加工中心实训区
版本	FUNAC 0i – MD	建议学时	4
参考文件	数控车数控职业技能等级证书，FANUC 数控系统操作说明书		
素养提升	1. 执行安全、文明的生产规范 2. 实施 8S 管理制度 3. 培养学生认真专注的学习态度 4. 强化学生的责任和担当意识，提升爱国情操 5. 培养学生热爱专业、热爱生活的态度，厚植爱国情怀，一点一滴学习和传承工匠精神		
职业技能等级证书要求	1. 能分清各种常用数控铣床的种类，从铭牌中了解数控铣床的主要参数 2. 能根据工作任务要求和数控铣床手册，了解数控铣床的各部分结构及功能 3. 能识读车间安全生产标识，自觉遵守安全提示，达到安全生产要求		

工具/设备/材料具体如下。

类别	名称	规格型号	单位	数量
工具	机用虎钳	QH135	把	1
	扳手		把	1
	平行垫块		套	1
	塑胶锤子		把	1
设备	数控铣床	CY – VMC950LH	台	1

1. 工作任务

（1）熟悉数控铣床的分类。

（2）掌握数控铣床的结构。

（3）掌握数控铣床的工艺范围。

2. 工作准备

（1）技术资料：工作任务书、教材、FANUC 数控系统操作说明书。

（2）工作场地：具备良好的照明、通风和消防设施等条件。

（3）工具、设备、材料：按"工具/设备/材料"栏目准备。

（4）教学方式：建议实施分组教学，2~3 人为一组，每组配备 1 台数控铣床。通过分组讨论、演示和操作训练认识数控铣床。

（5）劳动防护：正确穿戴劳保用品、工作服。

（6）耗材：各学校可根据实际情况选用尼龙块代替。

活动二　思考引导问题

（1）数控铣床与数控车床有什么区别？

（2）数控铣床的分类有哪些？

（3）数控铣床的结构是什么？

活动三　知识链接

数控铣床可以从不同角度进行分类。

数控铣床介绍

1. 按机床主轴的布置形式分类

数控铣床按机床主轴的布置形式可分为卧式数控铣床、立式数控铣床、龙门数控铣床和立卧两用数控铣床。

（1）卧式数控铣床。

卧式数控铣床的主轴轴线平行于水平面，主要用于加工箱体类零件，如图 8 - 1 所

图 8 - 1　卧式数控铣床

示。为了扩大其加工范围和扩充功能，通常采用增加数控转盘或万能数控转盘来实现4~5轴加工。一次装夹后可完成除安装面和顶面的其余4个面的各种工序加工，尤其是万能数控转盘，可以把工件上各种不同角度的加工面摆成水平面来加工。

（2）立式数控铣床。

立式数控铣床的主轴轴线垂直于水平面，是数控铣床中最常见的一种布局方式，应用范围也最广，如图8-2所示。立式结构的铣床一般适用于盘、套、板类零件的加工。一次装夹后，可对上表面进行铣、钻、扩、镗、锪、攻螺纹等工序及侧面的轮廓加工。

图8-2　立式数控铣床

（3）龙门数控铣床。

龙门数控铣床一般采用对称的双立柱结构，以保证铣床的整体刚性和强度，有工作台移动和龙门架移动两种形式，如图8-3所示。它适用于加工飞机整体结构件、大型箱体零件和大型模具等。

图8-3　龙门数控铣床

（4）立卧两用数控铣床。

立卧两用数控铣床又称万能式数控铣床，主轴可以旋转90°或工作台带着工件旋转90°，如图8~4所示。一次装夹后可以完成对工件5个表面的加工，即除了工件与转盘贴面的定位面外，其他表面都可以在一次安装中进行加工。其使用范围更广、功能更全、选择加工对象的余地更大，特别适用于生产批量较小、品种较多，又需要进行立、卧两种方式加工的情况。

图8-4　立卧两用数控铣床

2. 按数控铣削的加工功能分类

数控铣床按加工功能可分为经济型数控铣床、全功能数控铣床和高速铣削数控铣床等。

（1）经济型数控铣床。

经济型数控系统采用开环控制，可以实现三坐标联动。

（2）全功能数控铣床。

全功能数控铣床采用半闭环控制或闭环控制，数控系统功能丰富，一般可以实现四坐标以上联动，加工适应性强，应用最广泛。

（3）高速铣削数控铣床。

高速铣削是数控加工的一个发展方向，技术比较成熟，已逐渐得到广泛应用。

3. 按数控铣床的工艺范围分类

铣削加工是机械加工中常用的方法，加工的尺寸精度一般可达 IT7 ~ IT8，表面粗糙度为 1.6 ~ 3.2 μm。加工对象包括平面铣削和轮廓铣削，也可以对零件进行钻孔、扩孔、铰孔、攻丝等操作。图 8 - 5 所示为数控铣削的各种加工类型。

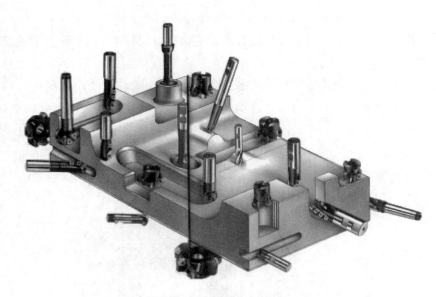

图 8-5　数控铣削的各种加工类型

　　数控铣床能够铣削加工各种平面、斜面和立体轮廓零件，如各种形状复杂的凸轮、样板、模具、叶片、螺旋槽、螺旋桨等。数控铣床除了缺少自动换刀功能及刀库，其他方面均与加工中心类似，配上相应的刀具还可以对零件进行钻孔、扩孔、铰孔、锪孔、镗孔与攻丝等操作，但主要还是用来对零件进行铣削加工。图 8-6 所示为数控铣削加工的零件。

图 8-6　数控铣削加工的零件

活动四　制订工作计划

（1）数控铣床和数控车床的区别。

（2）数控铣床的结构。

（3）数控铣床的工艺范围。

活动五　执行工作计划

填写表8-1。

表8-1　工作计划表

序号	操作流程	工作内容	学习问题反馈
1	数控铣床的分类	参观数控铣加工车间，判别数控铣床分类	
2	数控铣床的结构	观看数控铣床的结构拆解视频，判别各类数控铣床的结构	
3	数控铣床的工艺范围	观看数控铣床加工案例，判别各类数控铣床的工艺范围	

活动六　考核与评价

填写表8-2。

表8-2　学习任务考核表

考核项目	考核内容	配分/分	扣分/分	得分/分
数控铣床的分类	数控铣床的分类归纳。答错一项扣5分	30		
数控铣床的结构	数控铣床的结构识别。答错一项扣5分	30		
数控铣床的工艺范围	正确理解数控铣床的加工工艺范围。答错一项扣5分	40		

活动七　总结与拓展

1. 任务实施情况分析

任务完成后，学生根据任务实施情况分析存在的问题及原因，并填写表8-3，教师对项目实施情况进行点评。

表8-3　任务实施情况分析表

任务实施过程	存在的问题	解决办法
数控铣床的分类		
数控铣床的结构		
数控铣床的工艺范围		

2. 总结

（1）开、关机顺序要正确。

（2）刀具安装时需要安装稳固，以免发生事故。

（3）在进行对刀操作时，机床工作模式最好用手轮模式，手轮倍率开关一般选择×10 或×1 的挡位。

（4）程序试运行时需锁住机床。

3. 拓展学习

通过参观数控加工实训室指出各类机床的组成结构，并指出各类机床的差异。

任务九　数控铣床的基本操作

活动一　明确工作任务

任务编号	九	任务名称	数控铣床的基本操作
设备型号	CY – VMC950LH	工作区域	工程实训中心—数控铣削实训区
版本	FANUC 0i – MD	建议学时	4
参考文件	数控车数控职业技能等级证书，FANUC 数控系统操作说明书		
素养提升	1. 执行安全、文明的生产规范，严格遵守车间制度和劳动纪律 2. 着装规范（工作服、劳保鞋），不携带与生产无关的物品进入车间 3. 遵守实训现场工具、量具和刀具等相关物料的定制化管理要求 4. 严禁多人同时操作机床 5. 培养学生爱岗敬业、热爱劳动、规范操作、严守流程、团队协作的职业素养		
职业技能等级证书要求	1. 掌握数控铣床面板的基本操作 2. 了解工件、刀具和工具的安装及装夹 3. 掌握对刀方法 4. 掌握程序录入及试运行		

工具/设备/材料具体如下。

类别	序号	名称	规格型号	单位	数量
工具	1	机用虎钳	QH135	把	1
	2	扳手		把	1
	3	平行垫块		套	1
	4	塑胶锤子		把	1
	5	对刀仪		台	1
设备	1	数控铣床	CY – VMC950LH	台	1
材料	1	毛坯		个	1

1. 工作任务

（1）数控铣床面板的基本操作。

（2）工件、刀具和工具的安装及装夹。

（3）对刀方法。

（4）程序录入及试运行。

2. 工作准备

（1）技术资料：教材、实训指导书、FANUC 数控系统操作说明书。

（2）工作场地：具备良好的照明、通风和消防设施等条件。

（3）工具、设备、材料：按"工具/设备/材料"栏目准备。

（4）教学方式：建议实施分组教学，2~3人为一组，每组配备1台数控铣床。通过分组讨论完成数控铣床的基本操作、刀具装夹、对刀、程序录入及试运行。

活动二　思考引导问题

（1）数控铣床开机及关机的顺序是什么？

（2）数控铣床回零顺序是什么？

（3）程序试运行方法有哪些？

活动三　知识链接

1. 铣床控制面板

（1）铣床控制面板。

数控铣床面板主要由铣床控制面板和数控系统控制面板组成。

铣床控制面板主要进行铣床调整、铣床运动控制、铣床动作控制等操作。一般有急停、操作方式选择、轴向选择、切削进给速度调整、快速移动速度调整、主轴的启停、程序调试及其他M、S、T等功能。面板标准不一，主要由各个机床厂家自行设计。下面以FANUC 0i – MD数控铣床控制面板为例进行介绍。

如图9 – 1所示，铣床控制面板上安装各种按键（旋钮），各种按键（旋钮）都具有其各自的功能，具体见表9 – 1和表9 – 2。

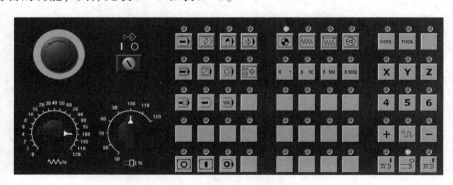

图9 – 1　FANUC 0i – MD数控铣床标准控制面板

表9 – 1　铣床控制面板常用按键（旋钮）及功能

按键（旋钮）	功能	按键（旋钮）	功能
	自动运行方式		调节主轴速度

学习笔记

按键（旋钮）	功能	按键（旋钮）	功能
	MDI 方式 （手动数据输入）		编辑方式
	手动返回参考点方式		DNC 运行方式
	手动增量方式		JOG 方式 （手动）
	单段执行		手轮方式
	M01 选择停止		程序段跳过
	程序再启动		机床锁住
	机床空运行		循环启动
	进给保持		M00 程序停止
	Y 轴选择		X 轴选择
	手动进给正方向		Z 轴选择
	手动进给负方向		快速移动
	手动主轴正转		手动主轴停
	手动主轴反转		单步倍率
	急停（换刀时要慎重，一般不要用于中断换刀，会使刀具处于非正常位置）		调节进给速度（F），为 0 时没有进给运动

表 9 – 2　手轮控制面板旋钮及功能

旋钮	功能
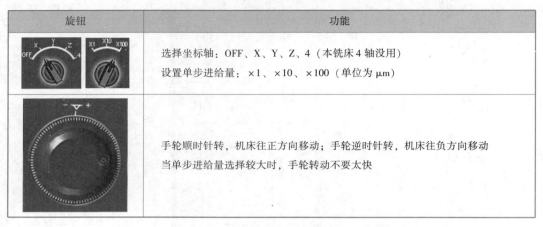	选择坐标轴：OFF、X、Y、Z、4（本铣床 4 轴没用） 设置单步进给量：×1、×10、×100（单位为 μm）
	手轮顺时针转，机床往正方向移动；手轮逆时针转，机床往负方向移动 当单步进给量选择较大时，手轮转动不要太快

（2）数控系统控制面板。

数控系统控制面板（以下简称系统面板）如图 9 – 2 所示，主要分为 CRT 显示屏和 MDI 键盘。CRT 显示屏用来显示相关坐标位置、程序、图形、参数、诊断、报警等信息。MDI 键盘的字母键和数字键用于手动输入数据，如程序、参数及机床指令等；功能键用于机床功能操作的选择。数控系统控制面板常用按键及功能见表 9 – 3。

图 9 – 2　FANUC 0i – MD 数控系统控制面板

表 9 – 3　数控系统控制面板常用按键及功能

序号	名称	按键	功能
1	复位键	RESET	使 CNC 复位或取消报警等

学习笔记

序号	名称		按键	功能
2	帮助键		HELP	显示如何使用 MDI 键盘
3	软键			根据不同的画面，软键的不同功能显示在屏幕的底端
4	地址和数字键等		O P	按这些键可以输入字母、数字或其他字符
	EOB 键		EOB E	EOB 为程序段结束符，结束一行程序的输入并换行
5	换挡键		SHIFT	对同一按键上的不同字符进行切换输入（在有些按键上有两个字符，按下此键输入键面右下角的字符）
6	输入键		INPUT	将缓冲区的数据输入参数页面或输入一个外部的数控程序。与软键中的 INPUT 键是等效的
7	取消键		CAN	用于删除最后一个已输入缓存区的字符或符号
8	程序编辑键	替换键	ALTER	用输入的数据替换光标位置的数据
		插入键	INSERT	把缓冲区的数据插入光标之后
		删除键	DELETE	删除光标选中的数据，也可删除一个或全部数控程序（当编辑程序时按这些键）
9	功能键		POS PROG OFFSET SETTING SYSTEM MESSAGE CUSTOM GRAPH	切换各种功能显示画面
10	光标移动键		→	将光标向右移动
			←	将光标向左移动
			↓	将光标向下移动
			↑	将光标向上移动

序号	名称	按键	功能
11	翻页键	**PAGE ↓**	将屏幕显示的页面向后翻页
		↑ PAGE	将屏幕显示的页面向前翻页

2. FANUC 0i 数控铣床（加工中心）基本操作

操作数控铣床前应认真学习数控铣床说明书和安全操作规程，避免因误操作造成的撞刀事故。一般来说数控铣床操作包括以下几项内容：开机、回参考点、移动数控铣床坐标轴（手动或手轮）、开/关主轴、设定工件坐标系轴、输入刀具补偿参数等。

1）开机

数控铣床的开机步骤如下。

（1）检查数控铣床的润滑罐，油面应在上、下油标线之间，如果不足，则需要加入机油以达到标准。

（2）若加工中心要求有配气装置，应首先给加工中心供气。

（3）打开机床后面的电源总开关。

（4）按下操作面板上的 Power ON 开关。

（5）将急停按钮向右旋转使其弹起，当 CRT 显示屏显示坐标画面时，开机成功。

2）回参考点

在下列几种情况下必须回参考点：开机后、超程解除后、按急停按钮后、机械锁定解除后。

先按 POS 坐标位置显示按键，在综合坐标页面中查看各轴是否有足够的回零距离（回零距离应大于 40 mm）。如果回零距离不够，可以用"手动"或"手轮移动"方式移动相应的轴到足够的距离。

安全起见，一般先回 Z 轴，再回 X 轴或 Y 轴。

回参考点的操作步骤如下。

（1）按"返回参考点"键 ⊕ 。

（2）选择较小的快速进给倍率（25%）。

（3）按 Z 键，再按"＋"键，当 Z 轴指示灯闪烁，表示 Z 轴返回了参考点。

（4）用同样的方法使 X 轴、Y 轴返回参考点。

3）移动数控铣床坐标轴

移动数控铣床坐标轴的方法有三种。

（1）手动连续进给（JOG）。

刀具沿着所选轴方向连续移动。操作前检查各种旋钮选择的位置是否正确，确定正确的坐标方向，然后进行以下操作。

①按"JOG方式"键 ，系统处于连续点动运行方式。

②调整进给速度的倍率旋钮；

③按进给轴（X、Y或Z）和方向选择（"＋"或"－"）键，选择将要使刀具沿其移动的轴及方向，松开按键移动停止。例如，按X键（指示灯亮），再按"＋"键或"－"键，X轴产生正向或负向连续移动；松开"＋"键或"－"键，X轴减速直至停止。

④按方向选择按键的同时按"快速移动"键 ，刀具会快速移动。

（2）增量进给。

刀具移动的最小距离是最小的输入增量，每一步可以是最小输入增量的1倍、10倍、100倍或1 000倍。增量进给的操作方法如下。

①按"增量进给"键 ，系统处于增量移动方式。

②按"单步倍率"键，选择每一步将要移动的距离。

③按"进给轴"键和"方向选择"键，选择将要使刀具沿其移动的轴及方向。每按一次方向按键，刀具移动一步。

④按"方向键"的同时按"快速移动"键，刀具会快速移动。

（3）手轮进给。

刀具可以通过旋转手摇脉冲发生器微量移动。按操作面板上的手轮方式按键，利用手轮选择移动轴和手轮旋转一个刻度时刀具移动的距离。手轮的操作方法如下。

①按"手轮方式"键 ，系统处于手轮移动方式。

②旋转选择轴旋钮，选择刀具要移动的轴。

③通过手轮旋钮选择刀具移动距离的放大倍数（旋转手轮一个刻度时刀具移动的距离等于最小输入增量乘以放大倍数）。

④根据坐标轴的移动方向决定手轮的旋转方向。手轮顺时针转，刀具相对工件向坐标轴正方向移动；手轮逆时针转，刀具相对于工件坐标轴负方向移动。

4）开/关主轴

开/关主轴的操作方法如下。

（1）按 或 键，设置模式为"JOG方式"或在"手轮方式"。

（2）按 或 键，机床主轴正转或反转（第一次启动时须采用MD方式），按 键主轴停转。

5）设定工件坐标系及输入刀具补偿参数

（1）对刀原理。

对刀对操作者来说极为重要。机床开机回参考点的主要目的是建立机床坐标系（又称机械坐标系），而对刀的目的就是确定工件坐标系与机床坐标系之间的空间位置关系。通过对刀可以算出工件原点在机床坐标系中的坐标值，并将此数据输入数控系统相应的存储器中（G54～G59），此后机床就以程序中调用的 G54～G59 中的任一有效工件坐标系的原点为加工原点执行程序。

常用的对刀方法：试切对刀、寻边器对刀、机内对刀仪对刀、自动对刀。

常用的对刀工具：X 向、Y 向对刀的工具有偏心式寻边器和光电式寻边器等，Z 向对刀的工具有 Z 轴设定器，如图 9 - 3 所示。

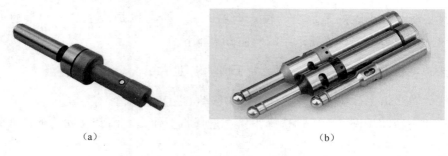

（a）   （b）

（c）

图 9 - 3　常用对刀工具

（a）偏心式寻边器；（b）光电式寻边器；（c）Z 轴设定器

（2）对刀步骤。

以试切对刀为例，对刀步骤如下。

①按工艺要求装夹工件。

②按编程要求，确定刀具编号并安装基准刀具。

③启动主轴。若主轴已启动，在"手动方式"下按"主轴正转"键 ；否则在

"MDI 方式"下输入 M03S×××，再按"循环启动" 键。

④在"手轮方式"下，快速移动 X、Y、Z 轴到接近工件的位置，再移动 Z 轴到工件表面以下的某个位置。此时按数控系统控制面板的 POS（位置 POS ）键，在综合坐标中，按面板上的 Z 键，当 CRT 上的 Z 闪动时，按"起源"[[起源]]键，或按"Z0［预定］"键，Z 轴相对坐标变为 0。

⑤X 轴原点的确定。移动 X 轴与工件的一边接触（为了不破坏工件表面，操作时可在工件表面贴上薄纸片），把 X 坐标清零，提刀并移动刀具到工件的对边，使其与工件表面接触，再次提刀，把 X 的相对坐标值除以 2，使刀具移动 X/2 位置，该点就是编程坐标系 X 轴的原点。

⑥Y 轴原点的确定。与确定 X 轴原点的方法相同。

⑦Z 轴原点的确定。移动刀具使刀位点与工件上表面接触，该点即为 Z 轴原点。

⑧工件坐标原点的确定。对刀完成后，在综合坐标页面中查看并记下各轴的 X、Y、Z 值。选择 MDI 方式，按 OFFSET/SETING（补正/设置）键，按"工件系"软键，把 X、Y、Z 的机械坐标值输入工件系的 G54～G59 中，按"输入"键或按 X0、Y0"测量"键和 Z0"测量"键。

注意：工件坐标原点的位置可以不同，对刀方法也可以不同，但必须知道刀具在工件坐标系中的坐标值。试刀对刀及对刀验证步骤见表 9-4。

表 9-4　试切对刀及对刀验证步骤

流程	示意图	换作流程
三个方向对刀整体示意图		X 方向：刀具自左向右，向工件左侧逐渐靠近； Y 方向：刀具自前向后，向工件前侧面逐渐靠近； Z 方向：刀具由上而下，向工件逐渐靠近
X 向对刀		首先启动主轴，采用手轮方式让刀具轻碰工件左侧

流程	示意图	换作流程
		在相对坐标下,选择"X 起源",归零
		移动刀具至工件右侧
X 向对刀		记录工件 X 方向坐标值
		X 方向坐标值除以 2
		移动刀具至工件 X 方向中心

流程	示意图	换作流程
X 向对刀	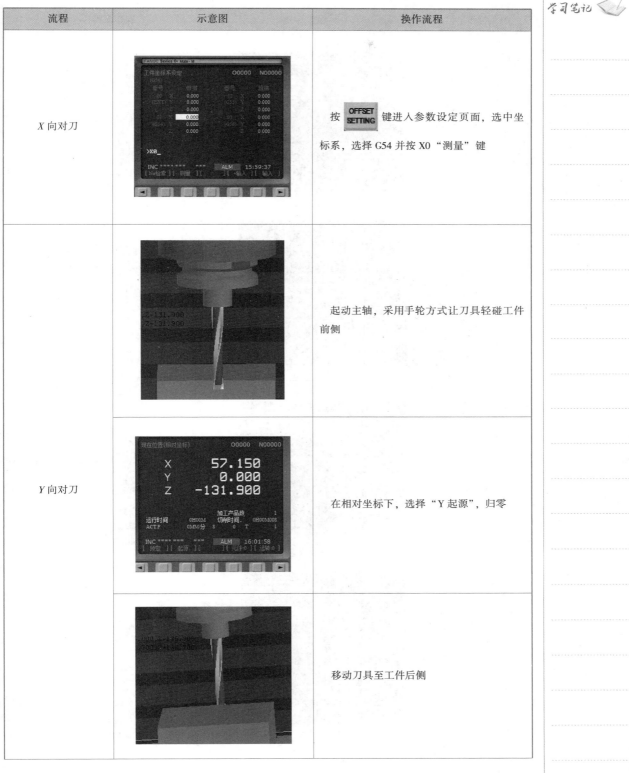	按 **OFFSET SETTING** 键进入参数设定页面，选中坐标系，选择 G54 并按 X0 "测量" 键
Y 向对刀		起动主轴，采用手轮方式让刀具轻碰工件前侧
		在相对坐标下，选择 "Y 起源"，归零
		移动刀具至工件后侧

流程	示意图	换作流程
		Y 方向坐标值除以 2
Y 向对刀		移动刀具至工件 Y 方向中心
		按 **OFFSET SETTING** 键进入参数设定页面，选中坐标系，选择 G54 并按 Y0 "测量" 键
Z 向对刀		起动主轴，采用手轮方式让刀具轻碰工件上表面

流程	示意图	换作流程
Z 向对刀	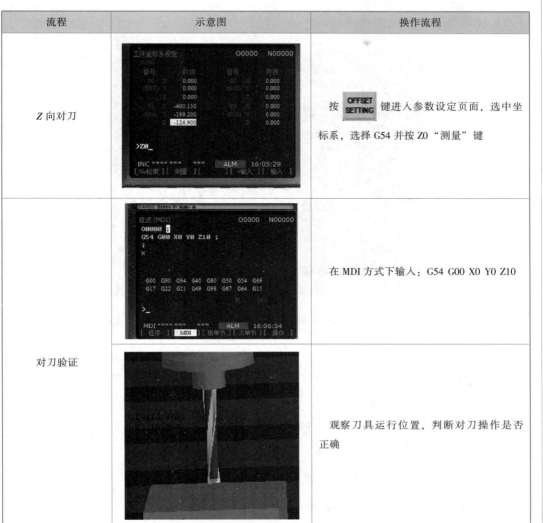	按 **OFFSET SETTING** 键进入参数设定页面，选中坐标系，选择 G54 并按 Z0 "测量" 键
对刀验证		在 MDI 方式下输入：G54 G00 X0 Y0 Z10
		观察刀具运行位置，判断对刀操作是否正确

（3）刀具补偿参数的输入。

刀具补偿参数的输入步骤如下。

①按 **OFFSET SETTING** 按键进入参数设定页面，按 **补正** 软键。

②按 **PAGE ↑** 键和 **PAGE ↓** 键选择长度补偿、半径补偿。

③按 **↑** 键和 **↓** 键选择补偿参数编号。

④输入补偿值到长度补偿 H 和半径补偿 D（铣床一般只用一把刀，通常将长度补偿值 H 设置为 0，D 设置为刀具半径值），当尺寸需要修正时使用磨耗 H 和磨耗 D。

⑤按 **INPUT** 键，把输入的补偿值输入到指定位置，如图 9 - 4 所示。

图 9 - 4　刀具补偿设置界面

3. 数控铣床（加工中心）程序编辑、试切加工

1）编辑新 NC 程序

手工输入一个新程序的方法如下。

（1）按控制面板上的"编辑"键 **⚙**，系统处于编辑方式。

（2）按系统面板上的"程序"键 **PROG**，显示程序画面。

（3）用字母和数字键，输入程序号，如输入程序号 O0006。

（4）按系统面板上的"插入"键 **INSERT**。

（5）按系统面板上的"EOB"键 **EOB_E**，输入分号（;）。

（6）按系统面板上的"插入"键，CRT 显示屏上显示新建立的程序名，即可以输入程序内容。

提示：一行程序输入完毕，可按"EOB"键 **EOB_E** 生成分号（;），再按"插入"键，程序会自动换行，光标出现在下一行的开头。

2）编程程序

在执行一个程序的同时编辑另一个程序称为后台编辑。后台编辑的程序完成后，将被保存到前台程序存储器中。

后台编辑的操作方法如下。

（1）选择"自动加工方式"或"编辑方式"。

（2）按"程序"键。

（3）按"操作"软键，再按 BG – EDT 软键，显示后台编辑画面。

（4）在后台编辑画面，用通常的程序编辑方法编辑程序。

（5）编辑完成后，按"操作"软键，再按 BG – END 软键。编辑程序被保存到前台程序存储器中。

3）删除程序

（1）在"编辑方式"下，按"程序"键。

（2）按 DIR 软键。

（3）显示程序名列表。

（4）使用字母和数字键输入要删除的程序名。

（5）按系统面板上的"删除"键 ▨ ，再按"执行"键，该程序从程序名列表中删除。

4）运行程序

（1）抬刀运行程序。

①输入程序，检查光标是否在程序的起始位置。

②选择"MDI 方式"。

③按 OFFSET/SETING（补正/设置）键，再按"工件系"软键，翻页显示到 G54.1。

④在 G54.1 的 Z 轴上设置一个正的平移值，如 20。

⑤选择"自动运行方式"。

⑥按控制面板的 ▨ 键。

⑦按控制面板的 ▨ 键。

⑧观察刀具的运动轨迹和机床动作，通过坐标轴剩余移动量判断程序及参数设置是否正确，同时检验刀具与工装、工件是否有干涉。

（2）单步运行。

①按控制面板的 ▨ 键。

②程序运行过程中，每按一次 ▨ 键，执行一条指令。

（3）启动程序加工零件。

①按控制面板的 ▨ 键。

②选择一个程序（参照前面介绍的选择程序的方法）。

③按控制面板的 ▮ 键。

（4）图形模拟。

图形模拟功能能够在屏幕上画出正在执行程序的刀具轨迹，通过观察屏幕上的轨迹，可以检查加工过程。

画图之前，必须设定图形参数，包括显示轴和图形范围。

①轴，指定绘图平面。

②图形中心点，将工件坐标系上的 X、Y、Z 坐标值设在绘图中心。

③比例，设定绘图的放大率，值的范围是 0～10 000（单位为 0.01 倍）。

④图形设定范围的最大和最小坐标，使用 6 个图形参数，此时值的单位为 μm，图形的放大率自动确定。

图形模拟按以下步骤进行。

①输入程序，检查光标是否在程序起始位置。

②按 CUSTOM GRAPH 键，按"参数"软键显示图形参数页面，对图形显示进行设置。

③运行模式选择"自动运行方式"。

④依次按 ▨ 键、 ▨ 键、 ▨ 键。

⑤按"循环启动"键。

⑥在 CUSTOM/GRAPH（用户宏/图形）模式下，按"图形"软键，进入图形显示页面。检查刀具路径，若刀具路径错误则对程序进行修改。当有语法和格式问题时，会出现报警信息（P/SALARM）和报警号。查看光标停留位置，光标后面的两个程序段是可能出错的程序段。根据不同的报警号查出产生的原因并作相应的修改。

在检查完程序的语法和格式后，检查 X、Y、Z 轴的坐标和余量是否和图纸及刀具路径相符。

4. 工件与刀具装夹

（1）工件装夹步骤。

工件装夹步骤见表 9-5。

表9-5　工件装夹步骤

序号	步骤	示意图	说明
1	校正机用虎钳		在装夹零件之前，用百分表校正机用虎钳钳口是否与X轴平行
2	准备毛坯		根据图样确定毛坯尺寸。毛坯应有基准角和基准边以作为粗基准
3	锁紧机用虎钳		毛坯件下放置垫块，保证工件2/3以上处于夹持状态，用机用虎钳夹紧
4	准备锁刀座		在放刀具时，需将刀柄上的键槽对准锁刀座的键
5	松（紧）夹头螺母		左手握住刀柄螺母处，右手用勾头扳手放松或锁紧夹头螺母

序号	步骤	示意图	说明
6	选择合适的刀具及夹头		选择合适直径的刀具与夹头，此夹头仅适合夹持直柄刀具
7	装刀		按照安装顺序将夹头螺母与刀具装夹牢固
8			在锁紧刀具之前，注意刀具的伸出长度，并用卡尺测量刀头长度
9	刀具装入主轴		将刀具装入主轴之前一定要注意将刀柄键槽与主轴上的键对齐
10			按下松刀或收刀按钮，将刀具装入主轴

（2）数控铣床（加工中心）安全操作规程。

①操作人员必须经过数控加工知识培训和操作安全教育，且需要在指导老师指导下进行操作；操作人员必须熟悉所使用机床的操作、编程方法，同时应具备相应金属切削加工知识和机械加工工艺知识。

②开机前，检查各润滑点状况，待稳压器电压稳定后，打开主电源开关。

③检查电压、气压、油压是否正常。

④机床通电后，检查各开关、按键是否正常、灵活，机床有无异常现象。

⑤在确认主轴处于安全区域后，执行回零操作。各坐标轴手动回零时，如果回零前某轴已在零点或接近零点，必须先将该轴移动，离零点一段距离后，再进行手动回零操作。

⑥手动进给和手动连续进给操作时，必须检查各种开关选择的位置是否正确，认准操作正、负方向，然后再进行操作。

⑦程序输入后，应认真核对，保证无误，包括代码、指令、地址、数值、正负号、小数点及语法的检查。

⑧正确测量和计算工作坐标系，将工件坐标值输入偏置页面，并对坐标轴、坐标值、正负号和小数点进行认真核对。

⑨刀具补偿值（刀长和刀具半径）输入偏置页面后要对刀补号、补偿值、正负号、小数点进行认真核对。

⑩操作人员自编程序应进行模拟调试，计算机编程应进行切削仿真，并掌握编程设置。在必要情况下，应进行空运行试切，密切关注刀具切入和切出过程，并及时做出判断和调整。

⑪在不装工件的情况下，空运行一次程序，看程序能否顺利执行，刀具长度选取和夹具安装是否合理，有无超程现象。

⑫检查各刀杆前后部位的形状和尺寸是否符合加工工艺要求，是否会碰撞工件和夹具。

⑬不管是首件试切，还是多工件重复加工，第一件都必须对照图纸、工艺和刀具参数，进行逐把刀、逐段程序的试切。

⑭逐段试切时，快速倍率开关必须调到最低挡，并密切注意移动量的坐标值是否与程序相符。

⑮试切进刀时，在刀具运行至工件表面 30～50 mm 处，必须在进给保持下，验证 Z 轴剩余坐标值及 X、Y 轴坐标值是否与编程要求一致。

⑯机床运行过程中操作人员必须密切注意系统状况，不得擅自离开控制台。

⑰关机前，移动机床各轴到中间位置或安全区域，按下急停按钮，关闭主电源开关，关闭稳压电源、气源等。

⑱在离开前应清理现场、擦净机床、关闭电源，并填好日志。

⑲严禁带电插拔通信接口，严禁擅自修改机床设置参数。

⑳发生不能自行处理的设备故障，应及时报告主管领导或指导教师，故障处理应在确保设备安全的前提下进行。

㉑不得在生产现场嬉戏、打闹及进行任何与生产无关的活动。

活动四　制订工作计划

（1）数控铣床开、关机操作。

（2）数控铣床面板操作。

（3）工件、刀具和工具的安装及装夹操作。

（4）对刀操作。

（5）程序录入及试运行操作。

活动五　执行工作计划

完成表9-6中各操作流程的工作内容，并填写学习问题反馈。

表9-6　工作计划表

序号	操作流程	工作内容	学习问题反馈
1	开、关机操作	开机：电总闸开启→机床电闸开启→开机 关机：开机→机床电闸关闭→电总闸关闭	
2	面板基本操作	依次操作面板功能按键	
3	刀具安装	依次将所需刀具安装在刀位上	
4	对刀操作	依次完成各把刀具的对刀及刀补录入	
5	程序试运行	在机床"图形校验"功能下，实现零件加工刀具运动轨迹的校验	

活动六　考核与评价

填写表9-7。

表9-7　职业素养考核表

考核项目		考核内容	配分/分	扣分/分	得分/分
加工前准备	纪律	服从安排、清扫场地等。违反一项扣5分	20		
	安全生产	安全着装、按规程操作等。违反一项扣5分	20		
基本操作	开、关机操作	开关机顺序。违反一项扣1分	10		
	面板操作	各功能按键使用。违反一项扣5分	20		
	刀具安装	常用工具和刀具安装。违反一项扣5分	30		

学习笔记

考核项目	考核内容	配分/分	扣分/分	得分/分
撞机床或工伤	出现撞机床或工伤事故，整个测评成绩记0分			
总分		100		

活动七 总结与拓展

1. 任务实施情况分析

任务完成后，学生根据任务实施情况分析存在的问题及原因，并填写表9-8，教师对项目实施情况进行点评。

表9-8 任务实施情况分析表

任务实施过程	存在的问题	解决办法
开、关机操作		
面板基本操作		
刀具安装		
对刀操作		
程序试运行		

2. 总结

（1）开、关机顺序要正确。

（2）刀具需要安装稳固，以免发生事故。

（3）在进行对刀操作时，机床工作模式最好用手轮模式，手轮倍率开关一般选择×10或×1的挡位。

（4）程序试运行时需锁住机床。

3. 拓展学习

若毛坯与X轴呈45°时，如何进行对手操作。

数控铣床仿真操作

任务十　铣削配合件直线轮廓的编程与加工

活动一　明确工作任务

任务编号	十	任务名称	铣削配合件直线轮廓的编程与加工
设备型号	CY – VMC950LH	工作区域	工程实训中心—数控铣削实训区
版本	FANUC 0i – MD	建议学时	6
参考文件	数控车数控职业技能等级证书，FANUC 数控系统操作说明书		
素养提升	1. 执行安全、文明的生产规范，严格遵守车间制度和劳动纪律 2. 着装规范（工作服、劳保鞋），不携带与生产无关的物品进入车间 3. 遵守实训现场工具、量具和刀具等相关物料的定制化管理要求 4. 培养学生爱岗敬业、热爱劳动、规范操作、严守流程、团队协作的职业素养		
1 + X 证书等级要求	1. 能根据机械制图国家标准及铣削配合件零件图，正确识读铣削配合件形状特征、零件加工精度、技术要求等信息 2. 能根据工作任务要求和数控铣床操作手册，完成数控铣床坐标系的建立、数控铣床坐标节点的计算 3. 能根据零件图、机械加工工艺文件及编程手册，完成铣削配合件直线轮廓的数控加工程序的编写		

工具/设备/材料具体如下。

类别	名称	规格型号	精度	单位	数量
工具	平口钳			把	1
	活动扳手			把	1
	垫块			套	1
	螺栓螺母			套	2
量具	百分表及表座	0 ~ 10 mm	0.01 mm	套	1
	游标卡尺	0 ~ 200 mm	0.02 mm	把	1
刀具	ϕ12 立铣刀	ϕ12 mm		把	1
	面铣刀	D63 R0.8		把	1
耗材	方料（2A12）	100 mm × 100 mm × 25 mm		块	1

1. 工作任务

完成如图 10-1 所示的方形凸台零件的编程与加工。

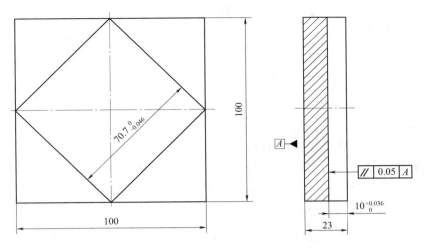

图 10-1　方形凸台零件

2. 工作准备

（1）技术资料：工作工单、教材、实训指导书、FANUC 数控系统操作说明书。

（2）工作场地：具备良好的照明、通风和消防设施等条件。

（3）工具、设备、材料：按"工具/设备/材料"栏目准备。

（4）教学方式：建议实施分组教学，2~3 人为一组，每组配备 1 台数控铣床。通过分组讨论完成零件的工艺分析及加工工艺方案设计，通过演示和操作训练完成零件的加工。

（5）劳动防护：正确穿戴劳保用品、工作服。

（6）耗材：各学校可根据实际情况选用尼龙棒代替。

活动二　思考引导问题

（1）选择刀具的依据是什么？

（2）如何保证加工精度？

（3）主要程序代码有哪些？

活动三　知识链接

铣削配合件直线
轮廓编程与加工

主要用到的编程指令有以下几种。

1. 绝对值/增量值指令 G90/G91

（1）指令功能。

数控铣床有两种方法指定刀具的位置，即绝对值指令 G90 和增量值指令 G91。G90

指令是按绝对值方式设定刀具位置，即移动指令终点的坐标值 X、Y、Z 都是以编程原点为基准来计算的。G91 指令是按增量值方式设定刀具位置，即移动指令终点的坐标值 X、Y、Z 都是以前一点为基准来计算的，再根据终点相对于前一点的方向来判断正负，与坐标轴正方向一致取正值，相反则取负值。

（2）指令格式。

绝对值指令格式：G90 G X_Y_Z_；（绝对坐标）

增量值指令格式：G91 G X_Y_Z_；（相对坐标，表示一段位移，有正负）

（3）指令说明。

①机床通电时，系统处于 G90 指令状态，之后 G91 和 G90 指令可以相互取代。

②编程时注意 G90 和 G91 指令模式间的转换。FANUC 系统中还可以用 U、V、W 表示相对坐标，X、Y、Z 表示绝对坐标，绝对和相对坐标可以混合编程，但使用 G90 和 G91 指令时不能混合编程。

注意：数控铣床增量编程中不能用 U、W。如果用，就表示为 U 轴、W 轴。

（4）举例说明。

如图 10 - 2 所示，刀具由原点按顺序向点 1、2、3 移动时用 G90、G91 指令编程。

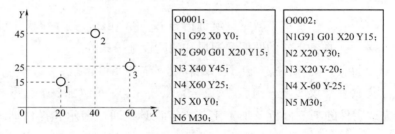

图 10 - 2　G90、G91 指令的应用

2. 快速点定位指令 G00

（1）指令功能。

刀具从当前点快速移动到目标点。它只是快速定位，对中间的空行程无轨迹要求。G00 指令的移动速度是机床参数设定的空行程速度，与程序段中的进给速度无关。使用 G00 指令时，各轴以内定的速度各自快速移动，刀具的实际运动路线并不一定是直线，因机床的数控系统而异。

（2）指令格式。

G00 X_Y_Z_；

其中，X_Y_Z_ 为刀具终点坐标。G90 指令方式下，为刀具终点的绝对坐标；G91 指令方式下为刀具终点相对于刀具起始点的增量坐标。

（3）指令说明。

①刀具以各轴内定的速度由起点（当前点）快速移动到目标点。

②刀具运动轨迹与各轴快速移动速度有关。

③刀具在起点开加速至预定的速度，到达目标点前减速定位。

④G00 指令一般用于加工前快速定位或加工后快速退刀。

⑤为避免干涉，通常不轻易做三轴联动。一般先移动一个轴，再在其他两轴构成的平面内联动。例如，进刀时，先在安全高度上，移动（联动）*X*、*Y* 轴，再向下移动 *Z* 轴到工件附近。退刀时，先抬 *Z* 轴，再移动 *X*、*Y* 轴。

（4）举例说明。

如图 10-3 所示，使用 G00 指令编程，要求刀具从 A 点快速定位到 B 点。

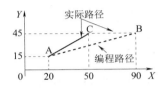

图 10-3　G00 指令的应用

程序如下。

①绝对值编程：G90 G00 X90 Y45；

②增量值编程：G91 G00 X70 Y30；

以折线的方式到达 B 点，而不是以直线方式从 A 点到 B 点。

3. 直线插补指令 G01

（1）指令功能。

指定刀具从当前位置，以两轴或三轴联动方式，按程序中规定的合成进给速度 *F*，使刀具相对于工件按直线方式，由当前位置移动到程序段中规定的位置，从而加工出平面（或空间）直线。当前位置是直线的已知点，而程序段中指定的坐标值即为终点坐标值。

（2）指令格式。

G01 X_Y_Z_F_；

其中，X_Y_Z_表示刀具终点坐标。G90 指令方式下，为刀具终点的绝对坐标；G91 指令方式下为刀具终点相对于刀具起始点的增量坐标。F_表示刀具切削的进给速度。

（3）指令说明。

①G01 指令使刀具在两个坐标或三个坐标间以插补联动的方式按指定的进给速度做任意斜率的直线运动。

②执行 G01 指令的刀具轨迹是直线型轨迹，它是连接起点和终点的一条直线。

③在 G01 程序段中必须含有 F 指令。如果在 G01 程序段中没有 F 指令，此程序段前也没有指定 F 指令，则机床不运动，有的系统还会出现报警。

（4）举例说明。

如图 10-4 所示，刀具从点（10，10）移动到点（40，30）的直线插补程序如下。

①绝对值编程：G90 G01X40 Y30 F300；

②增量值编程：G91 G01 X30 Y20 F300；

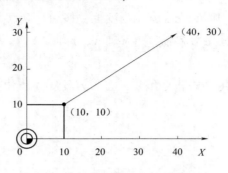

图 10-4　G01 指令的应用

4. 选择机床坐标系指令 G53

（1）指令功能。

使刀具快速定位到机床坐标系中的指定位置。机床坐标系的原点为机床原点，是一个固定的点。

（2）指令格式。

G53 G90 X_Y_Z_；

（3）指令说明。

G53 指令使刀具快速定位到机床坐标系中的指定位置上。其中 X、Y、Z 表示机床坐标系中的坐标值，其尺寸均为负值。

（4）举例说明。

执行 G53 G90 X-100 Y-100 Z-20；指令后，刀具在机床坐标系中的位置如图 10-5 所示。

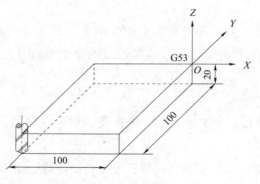

图 10-5　G53 指令的应用

5. 工件坐标系选择指令 G54～G59

（1）指令功能。

G54～G59 是系统预定的 6 个工件坐标系，可根据需要任意选用。这 6 个预定的工件坐标系原点在机床坐标系中的值（原点偏移值）可用 MDI 方式输入，系统自动记忆。工件坐标系一旦选定，后续程序段中绝对值编程时的指令值均为相对于此坐标系原点的值。在工作台上同时加工多个相同工件或一个较复杂的工件时，可以设定不同的工件坐标系原点，以简化编程。如图 10－6 所示，可建立 G54～G59 共 6 个工件坐标系。

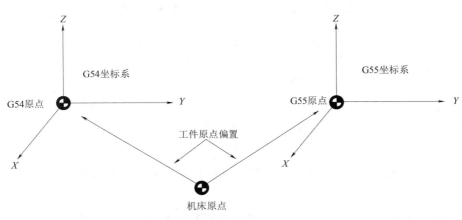

图 10－6　工件原点偏置

（2）指令格式。

G54 G90 G00（G01）X_Y_Z_(F_)；

（3）指令说明。

①执行该指令后，所有坐标值指定的坐标尺寸都是选定的工件加工坐标系中的位置。1～6 号工件加工坐标系是通过 CRT/MDI 方式设置的。

②G54～G59 指令设置加工坐标系的方法是一样的，但在实际情况下，机床厂家为了用户的不同需要，在使用中有以下区别：利用 G54 指令设置机床原点的情况下，进行回参考点操作时机床坐标值显示为 G54 指令的设定值，且符号均为正；利用 G55～G59 指令设置加工坐标系的情况下，进行回参考点操作时机床坐标值显示为零。

③G54～G59 指令是通过 MDI 方式在设置参数方式下设定工件加工坐标系的，一旦设定，加工原点在机床坐标系中的位置是不变的，它与刀具的当前位置无关，除非再次通过 MDI 方式修改。

④G54～G59 指令程序段可以和 G00、G01 指令组合。例如，执行 G54 G90 G01 X10 Y10；指令时，运动部件在选定的加工坐标系中移动。程序段运行后，无论刀具当前点在哪里，它都会移动到加工坐标系中的（X10，Y10）点上。

（4）举例说明。

如图 10-7 所示，要求刀具在 G54 坐标系下从当前点移动到 A 点，再从 A 点移动到 G55 坐标系中的 B 点。

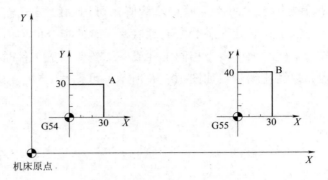

图 10-7　G54、G55 指令的应用

参考程序（以 FAUNC 0i-MD 系统为例）如下。

O0004；	程序名
N10 G54 G90 G00 X30 Y30；	在 G54 坐标系中快速定位到 A 点
N20 G55；	
N30 G00 X30 Y40；	快速定位到 G55 坐标系中的 B 点
N40 M30；	程序结束

6. 设置加工坐标系指令 G92

（1）指令功能。

G92 指令用于规定工件坐标系的坐标原点，工件坐标系坐标原点又称程序原点。

（2）指令格式。

G92 X_Y_Z_；

其中，X、Y、Z 表示刀具刀位点在工件坐标系中（相对于程序原点）的坐标。执行 G92 指令时，机床不动作，即在 X、Y、Z 轴上均不移动。

（3）举例说明。

如图 10-8 所示，设置工件坐标系的程序为 G92 X30 Y12 Z15；

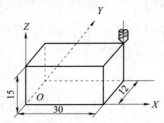

图 10-8　G92 指令的应用

在距离刀具起点 $X = -30$，$Y = -12$，$Z = -15$ 的位置上执行该程序段后，系统内部即对点（30，12，15）进行记忆，并显示在显示器上，这就相当于在系统内部建立了一个以工件原点为坐标原点的工件坐标系。

活动四　制订工作计划

1. 工艺分析

（1）零件加工工序的划分。

（2）零件的装夹方法。

2. 切削用量选择

制订本零件的切削用量，见表 10 – 1。

表 10 – 1　切削用量表

序号	刀具号	刀具名称	主轴转速/ $(r \cdot min^{-1})$	进给率/ $(mm \cdot r^{-1})$	背吃刀量/mm	备注
1						
2						
3						
4						
5						
6						
7						

3. 绘制加工路线

绘制任务零件用到的各类型刀具的加工路线，路线从换刀点到起刀点再到加工切入点，经过零件轮廓切削过程，最后到切出点和退刀点（每种类型刀具单独绘制）。

4. 编写零件加工程序

程序内容	程序说明

活动五　执行工作计划

完成表10-2中各操作流程的工作内容，并填写学习问题反馈。

铣削配合件直线轮廓
编程与加工—实操

表10-2　工作计划表

序号	操作流程	工作内容	学习问题反馈
1	开机检查	检查机床→开机→低速热机→返回机床参考点（先回 Z 轴，再回 X/Y 轴）	
2	工件装夹	用平口钳夹住工件底面，注意伸出高度	
3	刀具安装	依次将所需刀具安装在刀位上	
4	对刀操作	依次完成各把刀具的对刀及刀补录入	
5	程序传输	将编写好的加工程序通过传输软件上传到数控系统中	
6	程序校验	在机床"图形校验"功能下，实现零件加工刀具运动轨迹的校验	
7	零件加工	运行程序，完成零件加工。选择单步运行，结合程序观察走刀路线和加工过程。粗加工后，测量工件尺寸，针对加工误差进行适当的补偿	
8	零件检测	用量具测量加工完成的零件	

活动六　考核与评价

1. 职业素养考核

职业素养考核包括操作规范和劳动教育，是贯穿整个任务的过程性考核，占任务成绩的30%，具体考核内容见表10-3。

表10-3　职业素养考核表

考核项目		考核内容	配分/分	扣分/分	得分/分
加工前准备	纪律	服从安排、清扫场地等。违反一项扣1分	2		
	安全生产	安全着装、按规程操作等。违反一项扣1分	2		
	职业规范	机床预热，按照标准进行设备点检。违反一项扣1分	2		
加工操作过程	打刀	每打刀一次扣2分	6		
	文明生产	工具、量具、刀具定制摆放，工作台面整洁等。违反一项扣1分	6		
	违规操作	用砂布或锉刀修饰、锐边未倒钝或倒钝尺寸太大等未按规定的操作行为，扣1~2分	6		

考核项目		考核内容	配分/分	扣分/分	得分/分
加工结束后设备保养	清洁清扫	清理机床内部铁屑,确保机床表面各位置整洁;清扫机床周围的卫生。违反一项扣1分	2		
	整理整顿	工具、量具的整理与定制管理。违反一项扣1分	2		
	设备保养	严格执行设备的日常点检工作。违反一项扣1分	2		
撞机床或工伤		发生撞机床或工伤事故,整个测评成绩记0分			
总分			30		

2. 零件加工质量考核

零件加工质量是零件产品合格的关键,具体评价指标见表10-4。

表10-4 铣削配合件加工质量考核表

序号	检测项目	检测内容	检测要求	配分/分	学员自测尺寸	教师评价	
						检测结果	得分/分
1	长度尺寸/mm	$30^{+0.036}_{0}$	超差不得分	20			
2		$70.7^{0}_{-0.046}$	超差不得分	20			
3	其他	表面粗糙度	超差不得分	10			
4		锐角倒钝	超差不得分	10			
5		去毛刺	超差不得分	10			
总分				70			

活动七 总结与拓展

1. 任务实施情况分析

任务完成后,学生根据任务实施情况分析存在的问题及原因,并填写表10-5,教师对项目实施情况进行点评。

表10-5 任务实施情况分析表

任务实施过程	存在的问题	解决办法
机床操作		
加工程序		
加工工艺		
加工质量		
安全文明生产		

2. 总结

（1）装夹工件时，工件不宜伸出太高，伸出高度比加工零件高度长 10～15 mm。

（2）刀具安装时，刀具在刀架上的伸出部分要尽量短，以提高其刚性。

（3）在进行对刀操作时，机床工作模式最好用手轮模式，手轮倍率开关一般选择×10 或×1 的挡位。

（4）本任务提供的切削参数只是一个参考值，实际加工时应根据选用设备、刀具的性能及实际加工过程的情况及时修调。

（5）熟练掌握量具的使用方法，提高测量精度。

（6）对刀时应先以精加工刀作为基准刀，以确保工件的尺寸精度。

3. 拓展学习

学习镜像指令用法，并完成六边形轮廓快速编程。

铣削配合件直线轮廓
编程与加工—仿真加工

任务十一　铣削配合件圆弧轮廓的编程与加工

活动一　明确工作任务

任务编号	十一	任务名称	铣削配合件圆弧轮廓的编程与加工
设备型号	CY - VMC950LH	工作区域	工程实训中心—数控铣削实训区
版本	FANUC 0i - MD	建议学时	6
参考文件	数控车数控职业技能等级证书，FANUC 数控系统操作说明书		
素养提升	1. 执行安全、文明的生产规范，严格遵守车间制度和劳动纪律 2. 着装规范（工作服、劳保鞋），不携带与生产无关的物品进入车间 3. 遵守实训现场工具、量具和刀具等相关物料的定制化管理要求 4. 培养学生爱岗敬业、专心专注、规范操作、严守流程、团队协作的职业素养		
职业技能等级证书要求	1. 能根据机械制图国家标准及铣削配合件零件图，正确识读铣削配合件形状特征、零件加工精度、技术要求等信息 2. 能根据工作任务要求和数控铣床操作手册，完成数控铣床坐标系的建立、数控铣床坐标节点的计算 3. 能根据零件图、机械加工工艺文件及编程手册，完成铣削配合件圆弧轮廓的数控加工程序的编写		

工具/设备/材料具体如下。

类别	名称	规格型号	精度	单位	数量
工具	平口钳			把	1
	活动扳手			把	1
	垫块			套	1
	螺栓螺母			套	2
量具	百分表及表座	0 ~ 10 mm	0.01 mm	套	1
	游标卡尺	0 ~ 200 mm	0.02 mm	把	1
刀具	ϕ12 立铣刀	ϕ12 mm		把	1
	面铣刀	D63R0.8		把	1
耗材	方料（2A12）	100 mm × 100 mm × 25 mm		块	1

1. 工作任务

完成图 11-1 所示的圆弧外轮廓凸台零件的编程与加工。

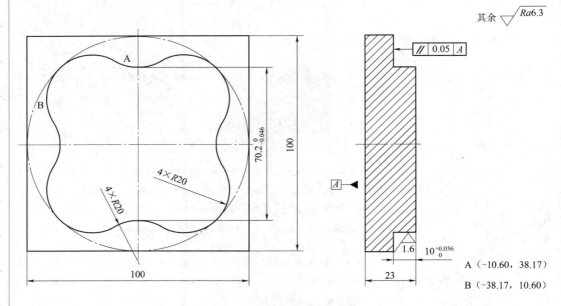

图 11-1　圆弧外轮廓凸台零件

2. 工作准备

（1）技术资料：工作工单、教材、实训指导书、FANUC 数控系统操作说明书。

（2）工作场地：具备良好的照明、通风和消防设施等条件。

（3）工具、设备、材料：按"工具/设备/材料"栏目准备。

（4）教学方式：建议实施分组教学，2~3 人为一组，每组配备 1 台数控铣床。通过分组讨论完成零件的工艺分析及加工工艺方案设计，通过演示和操作训练完成零件的加工。

（5）劳动防护：正确穿戴劳保用品、工作服。

（6）耗材：各学校可根据实际情况选用尼龙棒代替。

活动二　思考引导问题

（1）FANUC 系统开机默认加工平面是什么？

（2）加工外轮廓零件左右刀补确认方法是什么？

（3）整圆编程的注意事项有哪些？

活动三　知识链接

主要用到的编程指令有如下几种。

铣削配合件圆弧
轮廓编程与加工

铣削配合件圆弧
轮廓编程与加工2

1. 平面选择指令 G17/G18/G19

在进行圆弧插补、刀具半径补偿及刀具长度补偿时，必须首先确定一个由两个坐标轴构成的坐标平面，如图 11 - 2 所示。

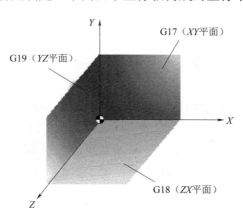

图 11 - 2 坐标平面

G17 指令用于选择 XY 平面，G18 指令用于选择 ZX 平面，G19 指令用于选择 YZ 平面。一般情况下，数控车床默认在 ZX 平面内加工，数控铣床默认在 XY 平面内加工。

2. 圆弧插补指令 G02/G03

（1）指令功能。

使刀具从圆弧起点沿圆弧插补移动到圆弧终点，见图 11 - 3。

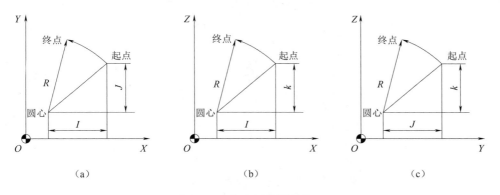

（a）　　　　　　　　　（b）　　　　　　　　　（c）

图 11 - 3　各平面内圆弧情况

（a）XY 平面圆弧；（b）ZX 平面圆弧；（c）YZ 平面圆弧

（2）指令格式。

①XY 平面。

G17 G02 X_Y_I_J_ （R_）F_;

G17 G03 X_Y_I_ J_ （R_）F_;

②ZX 平面。

G18 G02 X_Z_I_K_（R_）F_；

G18 G03 X_Z_I_K_（R_）F_；

③YZ 平面。

G19 G02 Z_Y_J_K_（R_）F_；

G19 G03 Z_Y_J_K_（R_）F_；

（3）指令说明。

①G02 指令，顺时针圆弧插补；G03 指令，逆时针圆弧插补。

②X、Y、Z 的值是指圆弧插补的终点坐标。

③I、J、K 的值是指圆弧起点到圆心的增量坐标，与 G90、G91 指令无关。

④R 值为圆弧半径，当圆弧的圆心角小于或等于 180°时，R 值为正；当圆弧的圆心角大于 180°时，R 值为负。

（4）注意事项。

①圆弧插补既可用圆弧半径 R 编程，也可用 I、J、K 编程。在同一程序段中，I、J、K、R 同时出现时，R 优先，I、J、K 无效。

②整圆编程时不可以使用 R。

（5）举例说明。

①使用 G02／G03 指令对图 11－4 所示的整圆编程。

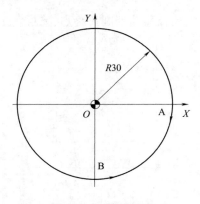

图 11－4　整圆编程

a. 从 A 点顺时针一周时的参考程序如下。

G90 G02 X30 Y0 I－J0 F300；

G91 G02 X0 Y0 I－J0 F300；

b. 从 B 点逆时针一周时的参考程序如下。

G90 G03 X0 Y－I0 J30 F300；

G91 G03 X0 Y0 I0 J30 F300；

②如图 11 - 5 所示，使用 G02 命令对劣弧 a 和优弧 b 编程。

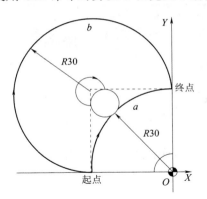

图 11 - 5　G02 指令的应用

a. 圆弧 a 的参考程序如下。

G91 G02 X30 Y30 R30 F300；

G91 G02 X30 Y30 I30 J0 F300；

G90 G02 X0 Y30 R30 F300；

G90 G02 X0 Y30 I30 J0 F300；

b. 圆弧 b 的参考程序如下。

G91 G02 X30 Y30 R － F300；

G91 G02 X30 Y30 I0 J30 F300；

G90 G02 X0 Y30 R － F300；

G90 G02 X0 Y30 I0 J30 F300；

活动四　制订工作计划

1. 工艺分析

（1）零件加工工序的划分。

（2）零件的装夹方法。

2. 切削用量选择

制订本零件的切削用量，见表 11 - 1。

表 11 - 1　切削用量表

序号	刀具号	刀具名称	主轴转速/ （r·min⁻¹）	进给率/ （mm·r⁻¹）	背吃刀量/ mm	备注
1						
2						
3						

序号	刀具号	刀具名称	主轴转速/ $(r \cdot min^{-1})$	进给率/ $(mm \cdot r^{-1})$	背吃刀量/ mm	备注
4						
5						
6						
7						
8						

3. 绘制加工路线

绘制任务零件用到的各类型刀具的加工路线，路线从换刀点到起刀点再到加工切入点，经过零件轮廓切削过程，最后到切出点和退刀点（每种类型刀具单独绘制）。

4. 编写零件加工程序

程序内容	程序说明

活动五　执行工作计划

完成表 11-2 中各操作流程的工作内容，并填写学习问题反馈。

铣削配合件圆弧轮廓
编程与加工—实操

表 11-2　工作计划表

序号	操作流程	工作内容	学习问题反馈
1	开机检查	检查机床→开机→低速热机→返回机床参考点（先回 Z 轴，再回 X/Y 轴）	
2	工件装夹	平口钳夹住工件底面，注意伸出高度	
3	刀具安装	依次将所需刀具安装在刀位上	
4	对刀操作	依次完成各把刀具的对刀及刀补录入	
5	程序传输	将编写好的加工程序通过传输软件上传到数控系统中	

序号	操作流程	工作内容	学习问题反馈
6	程序校验	在机床"图形校验"功能下,实现零件加工刀具运动轨迹的校验	
7	零件加工	运行程序,完成零件加工。选择单步运行,结合程序观察走刀路线和加工过程。粗加工后,测量工件尺寸,针对加工误差进行适当的补偿	
8	零件检测	用量具测量加工完成的零件	

活动六　考核与评价

1. 职业素养考核

职业素养考核包括操作规范和劳动教育,是贯穿整个任务的过程性考核,占任务成绩的30%,具体考核内容见表11-3。

表11-3　职业素养考核表

考核项目		考核内容	配分/分	扣分/分	得分/分
加工前准备	纪律	服从安排、清扫场地等。违反一项扣1分	2		
	安全生产	安全着装、按规程操作等。违反一项扣1分	2		
	职业规范	机床预热,按照标准进行设备点检。违反一项扣1分	2		
加工操作过程	打刀	每打刀一次扣2分	6		
	文明生产	工具、量具、刀具定制摆放,工作台面整洁等。违反一项扣1分	6		
	违规操作	用砂布或锉刀修饰、锐边未倒钝或倒钝尺寸太大等未按规定的操作行为,扣1~2分	6		
加工结束后设备保养	清洁清扫	清理机床内部铁屑,确保机床表面各位置整洁;清扫机床周围卫生。违反一项扣1分	2		
	整理整顿	工具、量具的整理与定制管理。违反一项扣1分	2		
	设备保养	严格执行设备的日常点检工作。违反一项扣1分	2		

考核项目	考核内容	配分/分	扣分/分	得分/分
撞机床或工伤	发生撞机床或工伤事故，整个测评成绩记0分			
	总分	30		

2. 零件加工质量考核

零件加工质量是零件产品合格的关键，具体评价指标见表11-4。

表11-4　铣削配合件加工质量考核表

序号	检测项目	检测内容	检测要求	配分/分	学员 自测尺寸	教师评价	
						检测结果	得分/分
1	外轮廓尺寸/mm	$70.2_{-0.046}^{0}$	超差不得分	20			
2	长度尺寸/mm	$10_{0}^{+0.036}$	超差不得分	20			
3	其他	表面粗糙度	超差不得分	10			
4		锐角倒钝	超差不得分	10			
5		去毛刺	超差不得分	10			
		总分		70			

活动七　总结与拓展

1. 任务实施情况分析

任务完成后，学生根据任务实施情况分析存在的问题及原因，并填写表11-5，教师对项目实施情况进行点评。

表11-5　任务实施情况分析表

任务实施过程	存在的问题	解决办法
机床操作		
加工程序		
加工工艺		
加工质量		
安全文明生产		

2. 总结

（1）装夹工件时，工件不宜伸出太高，伸出高度比加工零件高度长10~15 mm。

（2）刀具安装时，刀具在刀架上的伸出部分要尽量短，以提高其刚性。

（3）在进行对刀操作时，机床工作模式最好用手轮模式，手轮倍率开关一般选择×10 或×1 的挡位。

（4）本任务提供的切削参数只是一个参考值，实际加工时应根据选用设备、刀具的性能及实际加工过程的情况及时修调。

（5）熟练掌握量具的使用方法，提高测量精度。

（6）对刀时应先以精加工刀作为基准刀，以确保工件的尺寸精度。

3. 拓展学习

学习椭圆轮廓，抛物线轮廓的编程方法，并对比与 G02/G03 编程的区别。

铣削配合件圆弧轮廓
编程与加工—仿真加工

任务十二　铣削配合件型腔轮廓的编程与加工

活动一　明确工作任务

任务编号	十二	任务名称	铣削配合件型腔轮廓的编程与加工
设备型号	CY－VMC950LH	工作区域	工程实训中心—数控铣削实训区
版本	FANUC 0i－MD	建议学时	6
参考文件	数控车数控职业技能等级证书，FANUC 数控系统操作说明书		
素养提升	1. 执行安全、文明的生产规范，严格遵守车间制度和劳动纪律 2. 着装规范（工作服、劳保鞋），不携带与生产无关的物品进入车间 3. 遵守实训现场工具、量具和刀具等相关物料的定制化管理要求 4. 培养学生爱岗敬业、专心专注、规范操作、严守流程、团队协作的职业素养		
职业技能等级证书要求	1. 能根据机械制图国家标准及铣削配合件零件图，正确识读铣削配合件型腔轮廓形状特征、零件加工精度、技术要求等信息 2. 能根据工作任务要求和数控铣床操作手册，完成数控铣床坐标系的建立、数控铣床坐标节点的计算 3. 能根据零件图、机械加工工艺文件及编程手册，完成铣削配合件型腔轮廓数控加工程序的编写。		

工具/设备/材料具体如下。

种类	名称	规格	精度	单位	数量
工具	机用虎钳	QH135		把	4
	扳手			把	1
	平行垫块			套	1
	塑胶锤子			把	1
量具	百分表及表座	0~10 mm	0.01 mm	套	1
	深度游标卡尺	0~200 mm	0.02 mm	把	1
	内径千分尺	0~150 mm	0.01 mm	把	1
	粗糙度样板	N0~N1	12 级	套	1
刀具	硬质合金立铣刀	$\phi 6$ mm		把	1
	硬质合金立铣刀	$\phi 8$ mm		把	1

1. 工作任务

完成图 12 - 1 所示的圆弧内外轮廓凸台零件的编辑与加工。

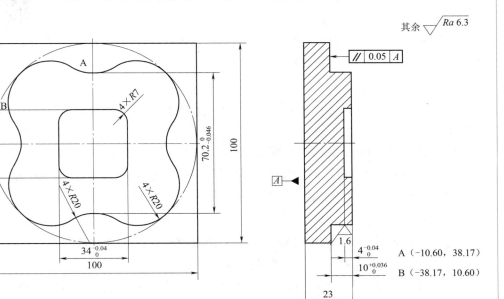

图 12 - 1 圆弧内外轮廓凸台零件

2. 工作准备

（1）技术资料：工作工单、教材、实训指导书、FANUC 数控系统操作说明书。

（2）工作场地：具备良好的照明、通风和消防设施等条件。

（3）工具、设备、材料：按"工具/设备/材料"栏目准备。

（4）教学方式：建议实施分组教学，2 ~ 3 人为一组，每组配备 1 台数控铣床。通过分组讨论完成零件的工艺分析及加工工艺方案设计，通过演示和操作训练完成零件的加工。

（5）劳动防护：正确穿戴劳保用品、工作服。

（6）耗材：各学校可根据实际情况选用可用尼龙棒代替。

活动二 思考引导问题

（1）内轮廓加工下刀点设计注意事项有哪些？

（2）加工内轮廓零件左右刀补确认方法是什么？

（3）内轮廓加工退刀点设计注意事项有哪些？

活动三　知识链接

铣削配合件型腔
轮廓编程与加工

1. 工艺方案

型腔轮廓铣削加工可选择普通立铣刀加工，也可以选择键槽铣刀加工。刀具半径 r 应小于零件内轮廓面的最小曲率半径 R，一般取 $r = (0.8 \sim 0.9)R$。

加工型腔类零件时，刀具的下刀点只能选在零件轮廓内部。常用的下刀方式主要有以下三种。

（1）使用键槽铣刀沿 Z 向直接下刀，切入工件。

（2）先用钻头在型腔位置预钻孔，再用普通立铣刀通过孔垂直下刀进行轮廓铣削。

（3）使用普通立铣刀斜插式下刀或螺旋式下刀。

2. 型腔轮廓铣削加工路线

轮廓铣削加工路线常见的型腔加工走刀路线有行切法、环切法和混合切削法三种方法，见图 12-2。三种加工方法的特点如下。

（1）这三种加工方法的共同点是都能切净内腔中的全部面积，不留死角、不伤轮廓，同时尽量减少重复进给的搭接量。

（2）这三种加工方法的不同点是行切法的进给路线比环切法短，但行切法会在每两次进给的起点与终点间留下残留面积，达不到要求的表面粗糙度；环切法获得的表面粗糙度要好于行切法，但环切法需要逐次向外扩展轮廓线，刀位点计算更复杂。混合切削法先用行切法切去中间部分余量，然后用环切法光整轮廓表面，既能使总的进给路线较短，又能获得较好的表面粗糙度。

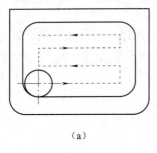 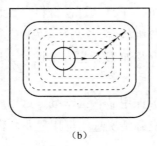 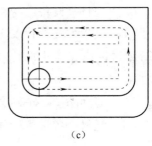

（a）　　　　　　　　　（b）　　　　　　　　　（c）

图 12-2　走刀路线

（a）行切法；（b）环切法；（c）混合切削法

3. 型腔轮廓铣削切向切入切出

型腔轮廓铣削加工刀具的切入切出方式和外形轮廓进刀方式有所不同，为了避免过切，进刀时不能沿轮廓切线延长线方向进刀；同时为了保证切向切入切出，刀具常以走圆弧的方式切向切入切出，如图 12-3 所示。

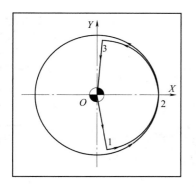 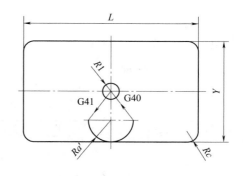

图 12 - 3　型腔轮廓铣削切向切入切出

活动四　制订工作计划

1. 工艺分析

（1）零件加工工序的划分。

（2）零件的装夹方法。

2. 切削用量选择

制订本零件的切削用量，见表 12 - 1。

表 12 - 1　切削用量表

序号	刀具号	刀具名称	主轴转速/ $(r \cdot min^{-1})$	进给率/ $(mm \cdot r^{-1})$	背吃刀量/ mm	备注
1						
2						
3						
4						
5						
6						

3. 绘制加工路线

绘制任务零件用到的各类型刀具的加工路线，路线从换刀点到起刀点再到加工切入点，经过零件轮廓切削过程，最后到切出点和退刀点（每种类型刀具单独绘制）。

4. 编写零件加工程序

程序内容	程序说明

铣削配合件型腔轮廓
编程与加工—实操

活动五　执行工作计划

完成表12-2中各操作流程的工作内容，并填写学习问题反馈。

表12-2　工作计划表

序号	操作流程	工作内容	学习问题反馈
1	开机检查	检查机床→开机→低速热机→返回机床参考点（先回 Z 轴，再回 X/Y 轴）	
2	工件装夹	平口钳夹住工件底面，注意伸出高度	
3	刀具安装	依次将所需刀具安装在刀位上	
4	对刀操作	依次完成各把刀具的对刀及刀补录入	
5	程序传输	将编写好的加工程序通过传输软件上传到数控系统中	
6	程序校验	在机床"图形校验"功能下，实现零件加工刀具运动轨迹的校验	
7	零件加工	运行程序，完成零件加工。选择单步运行，结合程序观察走刀路线和加工过程。粗加工后，测量工件尺寸，针对加工误差进行适当的补偿	
8	零件检测	用量具测量加工完成的零件	

活动六　考核与评价

1. 职业素养考核

职业素养考核包括操作规范和劳动教育，是贯穿整个任务的过程性考核，占任务成绩的30%，具体考核内容见表12-3。

表12-3　职业素养考核表

考核项目		考核内容	配分/分	扣分/分	得分/分
加工前准备	纪律	服从安排、清扫场地等。违反一项扣1分	2		
	安全生产	安全着装、按规程操作等。违反一项扣1分	2		
	职业规范	机床预热，按照标准进行设备点检。违反一项扣1分	2		

考核项目		考核内容	配分/分	扣分/分	得分/分
加工操作过程	打刀	每打刀一次扣2分	6		
	文明生产	工具、量具、刀具定制摆放，工作台面整洁等。违反一项扣1分	6		
	违规操作	用砂布或锉刀修饰、锐边未倒钝或倒钝尺寸太大等未按规定的操作行为，扣1~2分	6		
加工结束后设备保养	清洁清扫	清理机床内部铁屑，确保机床表面各位置整洁；清扫机床周围卫生。违反一项扣1分	2		
	整理整顿	工具、量具的整理与定制管理。违反一项扣1分	2		
	设备保养	严格执行设备的日常点检工作。违反一项扣1分	2		
撞机床或工伤		发生撞机床或工伤事故，整个测评成绩记0分			
总分			30		

2. 零件加工质量考核

零件加工质量是零件产品合格的关键，具体评价指标见表12-4。

表12-4　铣削配合件加工质量考核表

序号	检测项目	检测内容	检测要求	配分/分	学员自测尺寸	教师评价	
						检测结果	得分/分
1	外轮廓尺寸/mm	$20_{-0.046}^{0}$	超差不得分 mm	10			
2	长度尺寸/mm	$34_{0}^{+0.04}$	超差不得分	10			
3	长度尺寸/mm	$10_{0}^{+0.036}$	超差不得分	10			
4	长度尺寸/mm	$4_{0}^{+0.04}$	超差不得分	10			
5	其他	表面粗糙度	超差不得分	10			
6		锐角倒钝	超差不得分	10			
7		去毛刺	超差不得分	10			
总分				70			

活动七　总结与拓展

1. 任务实施情况分析

任务完成后，学生根据任务实施情况分析存在的问题及原因，并填写表 12 – 5，教师对项目实施情况进行点评。

表 12 – 5　任务实施情况分析表

任务实施过程	存在的问题	解决办法
机床操作		
加工程序		
加工工艺		
加工质量		
安全文明生产		

2. 总结

（1）装夹工件时，工件不宜伸出太高，伸出高度比加工零件高度长 10 ~ 15 mm。

（2）刀具安装时，刀具在刀架上的伸出部分要尽量短，以提高其刚性。

（3）在进行对刀操作时，机床工作模式最好用手轮模式，手轮倍率开关一般选择 ×10 或 ×1 的挡位。

（4）本任务提供的切削参数只是一个参考值，实际加工时应根据选用设备、刀具的性能及实际加工过程的情况及时修调。

（5）熟练掌握量具的使用方法，提高测量精度。

（6）对刀时应先以精铣刀作为基准刀，以确保工件的尺寸精度。

3. 拓展学习

学习 Z 形和螺旋下刀编程方法，并通过在车间现场完成试验。

铣削配合件型腔轮廓
编程与加工—仿真加工

任务十三　铣削配合件孔的编程与加工

活动一　明确工作任务

任务编号	十三	任务名称	铣削配合件孔的编程与加工
设备型号	CY – VMC950LH	工作区域	工程实训中心—数控铣削实训区
版本	FANUC 0i – MD	建议学时	6
参考文件	数控车数控职业技能等级证书，FANUC 数控系统操作说明书		
素养提升	1. 执行安全、文明的生产规范 2. 实施 8S 管理制度 3. 提升学生的产品质量意识，培养独立自主分析质量问题的能力，持续改进工艺参数 4. 培养学生爱岗敬业、热爱劳动、规范操作、严守流程、团队协作的职业素养		
职业技能等级证书要求	1. 能根据机械制图国家标准及铣削配合件零件图，正确识读铣削配合件孔的形状特征、零件加工精度、技术要求等信息 2. 能根据工作任务要求和数控铣床操作手册，完成数控铣床坐标系的建立、数控铣床坐标点的计算 3. 能根据零件图、机械工艺文件及编程手册，完成铣削配合件孔的数控加工程序的编写。		

工具/设备/材料具体如下。

类别	名称	规格型号	精度	单位	数量
工具	机用虎钳	QH135		把	1
	扳手			把	1
	平行垫块			套	1
	塑胶锤子			把	1
量具	百分表及表座	0 ~ 10 mm	0.01 mm	套	1
	套度游标卡尺	0 ~ 200 mm	0.02 mm	把	1
	内径千分尺	0 ~ 150 mm	0.01 mm	把	1
	粗糙度样板	N0 ~ N1	12 级	套	1
刀具	中心钻	ϕ3 mm		个	1
	锥柄麻花钻	ϕ28 mm		个	1
	铰刀	ϕ8 mm		把	1
	麻花钻	ϕ6.2 mm		个	1
	丝锥	M8		个	1
毛坯	方料	100 mm × 100 mm × 23 mm		块	1

1. 工作任务

完成图 13-1 所示的圆弧内外轮廓凸台零件的孔加工及编程。

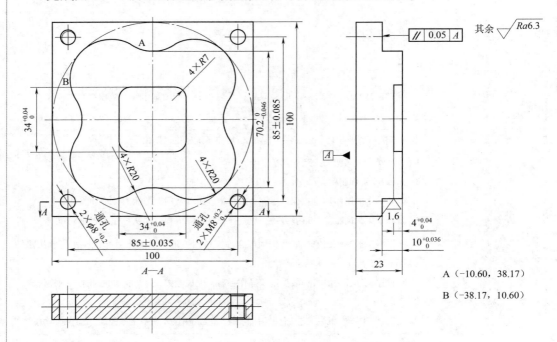

图 13-1 圆弧内外轮廓凸台零件

2. 工作准备

（1）技术资料：工作任务书、教材、FANUC 数控系统操作说明书。

（2）工作场地：具备良好的照明、通风和消防设施等条件。

（3）工具、设备、材料：按"工具/设备/材料"栏目准备。

（4）教学方式：建议实施分组教学，2~3 人为一组，每组配备 1 台数控铣床。通过分组讨论完成零件的工艺分析及加工工艺方案设计，通过演示和操作训练完成零件的加工。

（5）劳动防护：正确穿戴劳保用品、工作服。

（6）耗材：各学校可根据实际情况选用尼龙块代替。

活动二　思考引导问题

（1）完成本任务需要用到的刀具有哪些？

（2）如何正确使用 G98、G99 指令？

（3）孔加工时怎么选择合理的切削用量？

（4）深孔和浅孔的加工工艺有什么不同？

活动三　知识链接

铣削配合件孔的
编程与加工－1

铣削配合件孔
编程与加工 2

1. 固定循环指令

孔加工是数控加工中最常见的加工工序，加工中心通常都能完成钻孔、铰孔、镗孔和攻丝等固定循环功能。在孔加工编程时，只须给出第一个孔加工的所有参数，后续加工与第一个孔相同的孔时，参数均可省略，这样可提高编程效率，并使程序变得简单易懂。孔加工的固定循环指令如表 13 – 1 所示。

表 13 – 1　孔加工的固定循环指令

G 代码	开孔动作 （－Z 方向）	孔底动作	退刀动作 （＋Z 方向）	用途
G73	间歇进给	—	快速进给	高速深孔加工
G74	切削进给	暂停主轴正转	切削进给	攻左螺纹
G76	切削进给	主轴准停刀具偏移	快速进给	精镗
G80	—	—	—	取消固定循环
G81	切削进给	—	快速进给	钻、点钻
G82	切削进给	暂停	快速进给	锪孔、镗阶梯孔
G83	间歇进给	—	快速进给	深孔排屑钻
G84	切削进给	暂停主轴反转	切削进给	攻右螺纹
G85	切削进给	—	切削进给	精镗
G86	切削进给	主轴停转	快速进给	镗孔
G87	切削进给	刀具偏移主轴正转	快速进给	反镗
G88	切削进给	暂停主轴停转	手动操作快速返回	镗孔
G89	切削进给	暂停	切削进给	精镗阶梯孔

（1）固定循环动作的组成。

固定循环一般由以下 6 个动作组成。

①X 轴和 Y 轴的定位：使刀具快速定位到孔加工的位置。

②快速移动到 R 点：刀具自初始点快速进给到 R 点。

③孔加工：以切削进给的方式执行孔加工的动作。

④孔底动作：包括暂停、主轴准停、刀具位移等动作。

⑤返回 R 点：继续孔的加工同时返回 R 点，或直接返回 R 点。

⑥返回初始点：孔加工完成后一般应返回初始点。

图 13 – 2 所示为固定循环的动作组成，图中用虚线表示快速进给，用实线表示切削进给。

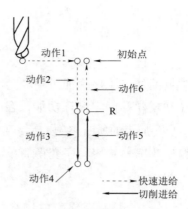

图 13 - 2　固定循环的动作组成

在固定循环中，刀具长度补偿（G43/G44/G49 指令）有效，在动作 2 中执行。

（2）固定循环代码的组成。

规定一个固定循环动作包括以下三种方式。

①数据形式代码：G90 指令，绝对值方式；G91 指令，增量值方式，如图 13 - 3 所示。

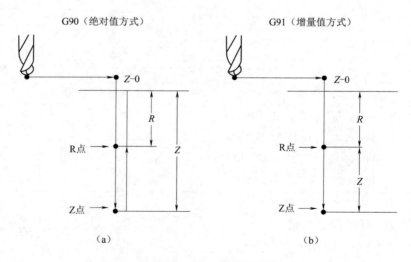

图 13 - 3　G90 和 G91 指令的坐标计算

（a）G90 指令方式；（b）G91 指令方式

②返回点平面代码：G98 指令，初始点平面；G99 指令，R 点平面。

当刀具到达孔底后，刀具可以返回 R 点平面或初始位置平面。根据 G98 和 G99 指令的不同，可以使刀具返回初始点平面或 R 点平面，如图 13 - 4 所示。

其中，初始点平面表示开始固定循环状态前，刀具所处的 Z 轴方向的绝对位置。R 点平面又称安全平面，是固定循环中由快进转工进时 Z 轴方向的位置，一般定在工件表面之上一定距离，既防止刀具撞到工件，又保证有足够距离完成加速过程。

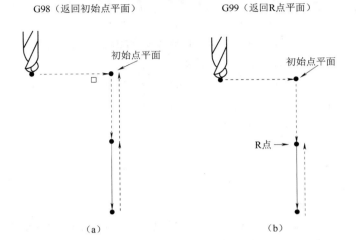

图 13-4 G98 和 G99 指令的返回形式

③孔加工方式代码：G73~G89 指令。在使用固定循环编程时，一定要在前面程序段中指定 M03 或 M04，使主轴启动。

（3）固定循环指令的格式。

固定循环指令的格式如下，其中，孔位置数据和孔加工数据的基本含义见表 13-2。

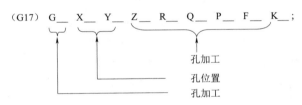

表 13-2 孔位置数据和孔加工数据的基本含义

指定内容	参数	含义
孔加工方式	G	请见表 13-1 所示
孔位置数据	X, Y	用绝对值或增量值指定孔的位置，控制时与 G00 定位相同
孔加工数据	Z	在绝对值方式时，是指孔底的 Z 坐标值，如图 13-3（a）所示；在增量值方式时，是指 R 点到孔底的距离，如图 13-3（b）所示
	R	在绝对值方式时，是指 R 点的 Z 坐标值，如图 13-3（a）所示；在增量值方式时，是指初始点平面到 R 点距离，如图 13-3（b）所示
	Q	指定 G73、G83 指令中的每次切入量或 G76、G87 指令中的平移量（增量值）
	P	指定在孔底的暂停时间。固定循环指令都可以带参数 P。P 的值指定刀具到达 Z 平面后执行暂停操作的时间，其值为 4 位整数，单位为 ms

指定内容	参数	含义
孔加工数据	F	指定切削进给速度。在图 13 - 2 所示的动作 2 和动作 6 中，进给速度是快速进给；在动作 3 中是 F 指定的进给速度；在动作 5 中根据孔加工方式不同，为快速进给或 F 指定的进给速度
	K	指定重复次数，仅在被指定的程序段内有效，可省略不写，默认为一次。最大钻孔次数受系统参数限定，当指定负值时，按其绝对值执行；为 0 时，不执行钻孔动作，只改变模态

注：①不能单段（单独）指定钻孔指令，这样系统会报警，而且没有意义。

②一旦指定了孔加工方式，则该方式直到指定取消固定循环的 G 代码之前一直保持有效，所以连续进行同样的孔加工时，不需要每个程序都指定孔加工方式。

③取消固定循环的 G 代码有 G80 与 G10。

④孔加工数据一旦在固定循环中被指定，便一直保持到取消固定循环为止。因此在固定循环开始，把必要的孔加工数据全部指定出来，在其后的固定循环中只须指定变更的数据。

⑤在缩放、极坐标及坐标旋转方式下，不可进行固定循环，否则报错；在进行固定循环加工前，一定要撤销刀具半径补偿，否则系统将出现走刀不正确的现象。

2. 常用固定循环指令

（1）钻孔循环指令 G81。

指令格式：

G81 X_Y_Z_R_F_K_;

G81 指令用于一般的钻孔加工或中心孔加工。孔加工动作如图 13 - 5 所示，钻头先快速定位至 X、Y 指定的坐标位置，再快速定位至 R 点，接着以 F 指定的进给速度向下钻削至 Z 指定的孔底位置，最后快速退刀至 R 点或初始点，完成循环。

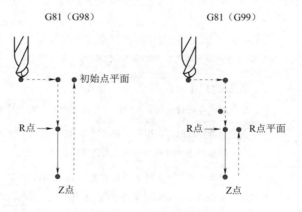

图 13 - 5　G81 指令

（2）钻孔、锪孔循环指令 G82。

指令格式：G82 X_Y_Z_R_P_F_K_;

G82 指令一般用于扩孔和沉头孔加工。孔加工动作如图 13 – 6 所示，G82 与 G81 指令唯一的区别是 G82 指令在孔底有暂停动作，即当钻头加工到孔底位置时，刀具不做进给运动，并保持旋转状态，以提高孔底的精度并降低孔的粗糙度。

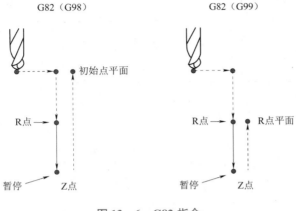

图 13 – 6　G82 指令

（3）固定循环取消指令 G80。

指令格式：

G80；

G80 指令用于取消所有的固定循环，执行正常的操作，R 点和 Z 点也被取消，其他钻孔数据也被取消清除。

（4）高速深孔往复排屑循环指令 G73。

指令格式：

G73 X_Y_Z_R_Q_F_K_；

G73 指令用于深孔加工。孔加工动作如图 13 – 7 所示，钻头先快速定位至 X、Y 指定的坐标位置，再快速定位至 R 点，接着以 F 指定的进给速度向下钻削至 Q 指定的距离（q 必须为正值，用增量值表示），再快速回退 d 距离（d 是 CNC 系统内部参数设定的）。以此方式进刀若干 q，最后一次进刀量为剩余量（小于或等于 q），到达 Z 指定的孔底位置。G73 指令是在钻孔时间断进给，有利于断屑、排屑，冷却、润滑效果佳。

（5）啄式深孔钻循环指令 G83。

指令格式：

G83 X_Y_Z_R_Q_F_K_；

G83 指令用于较深孔加工，孔加工动作如图 13 – 8 所示。与 G83 指令略有不同的是，每次刀具间歇进给后回退至 R 点平面，利于断屑和充分冷却，这样对深孔钻削时的排屑有利。其中 d（d 是 CNC 系统内部参数设定的）是指 R 点向下快速定位于距离前一切削深度上方 d 的位置。

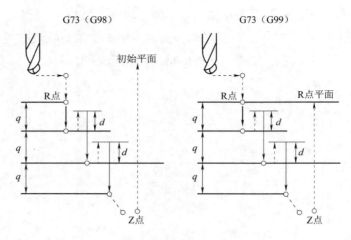

图 13 –7　G73 指令

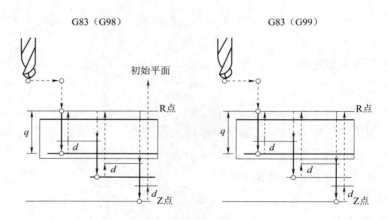

图 13 –8　G83 指令

（6）攻右旋螺纹循环指令 G84。

指令格式：

G84 X_Y_Z_R_P_F_K_；

G84 指令用于攻右旋螺纹，孔加工动作如图 13 –9 所示。主轴先正转，钻头先快速定位至 X、Y 指定的坐标位置，再快速定位至 R 点，接着以 F 指定的进给速度攻螺纹至 Z 指定的孔底位置后，主轴反转，同时向 Z 轴正方向退至 R 点，退至 R 点后主轴恢复原来的正转。

其中进给速度 F（单位为 mm/min）为螺纹导程（单位为 mm/r）与主轴转速（单位为 r/min）之积；孔底的暂停时间 P 为指定刀具到达 Z 平面后执行暂停操作的时间（单位为 ms），其值为 4 位整数。

（7）攻左旋螺纹循环指令 G74。

指令格式：

G74 X_Y_Z_R_P_F_K_；

G74 指令用于攻左旋螺纹，孔加工动作如图 13 - 10 所示。G74 与 G84 指令区别是，两者主轴旋转方向相反，其余动作相同；在指令执行过程中，进给速度调整旋钮无效，即使按下进给保持按键，循环在回复动作结束之前也不会停止。

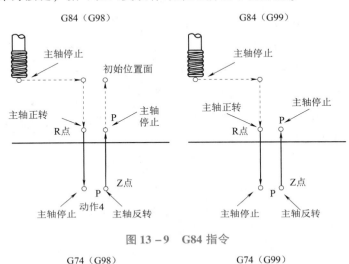

图 13 - 9　G84 指令

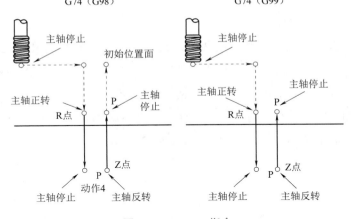

图 13 - 10　G74 指令

（注：G84 和 G74 指令可以在标准方式或刚性攻丝方式中执行。）

（8）精镗循环指令 G76。

指令格式：

G76 X_Y_Z_R_Q_P_F_K_；

G76 指令适用于孔的精镗。当到达孔底时，主轴停转，切削刀具离开工件的加工表面并返回，从而防止出现退刀时的退刀痕，影响被加工表面的粗糙度，同时避免刀具的损坏。

孔加工动作如图 13–11 所示，镗刀先快速定位至 X、Y 指定的坐标位置，再快速定位至 R 点，接着以 F 指定的进给速度向下镗削至 Z 指定的孔底位置。当刀具到达孔底时，主轴停止在固定的回转位置上，并且刀具以刀尖的相反方向移动退刀，保证加工面不被破坏，实现精密而有效的镗削加工。参数 Q 指定了退刀的距离且通过系统参数指定退刀方向，Q 值必须是正值，负值也按正值处理。当镗刀快速退刀至 R 点或初始点时，刀具中心回位，且主轴恢复转动。

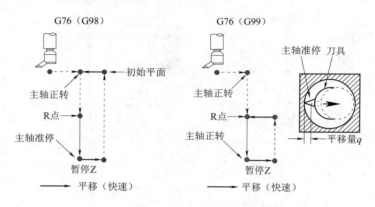

图 13–11　G76 指令

3. 任务工艺分析

孔的加工工艺方案介绍如下。

（1）孔按深浅可分为浅孔和深孔两类。长径比 L/D（孔深与孔径之比）小于 5 为浅孔，大于或等于 5 为深孔。浅孔加工可直接调用钻孔循环指令 G81 或 G82；深孔加工因排屑困难、冷却困难，优先选用深孔钻循环指令 G83。

（2）孔的加工路线。对于精度要求不高的孔，在选择加工路线时，优先选用较短的路径以缩短空行程时间，提高加工效率。图 13–12 所示为圆周分布孔的两种走刀路径。

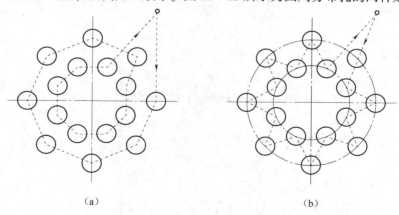

图 13–12　加工路线的选择

（a）常规路线；（b）走刀路径最短的路线

对于位置精度要求较高的孔系加工，特别要注意孔的加工顺序。顺序不当时，有可能将沿坐标轴的反向间隙带入，直接影响位置精度。如图 13 – 13（a）所示，在该零件上加工 6 个尺寸相同的孔，有两种加工路线。若按如图 13 – 13（b）所示的路线加工，5、6 孔与 1、2、3、4 孔定位方向相反，Y 方向反向间隙会使定位误差增加，从而影响 5、6 孔与其他孔的位置精度。若按 13 – 13（c）所示的路线加工，则加工完 4 孔后，往上移动一段距离到 P 点，然后再折回来加工 5、6 孔，这样方向一致，可避免反向间隙的引入，提高 5、6 孔与其他孔的位置精度。

本任务中孔的精度无太高要求，在使用中心钻钻孔时按照 1→2→3→4→5→6 的加工路线进行加工。

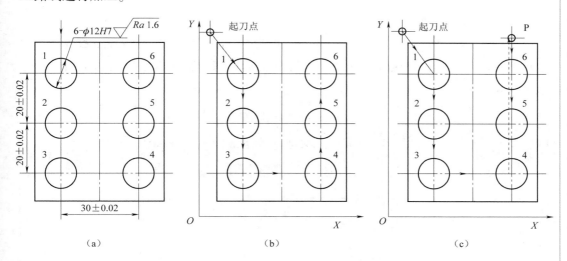

图 13 – 13　孔的走刀路线比较

（a）待加工零件图；（b）加工路线 1；（c）加工路线 2

活动四　制订工作计划

1. 工艺分析

（1）工具选择。

毛坯用平口钳装夹在工作台上，用百分表校正并用加力杆夹紧。其他工具有垫片、平口钳扳手等。

（2）量具选择。

孔尺寸用游标卡尺或内径千分尺测量，螺纹用螺纹塞规测量。

（3）刀具选择。

该工件的材料为钢，切削性能较好，根据加工要求，先采用中心钻钻孔定位，再选用其他刀具，加工刀具卡见表 13 – 3。

表 13 – 3　加工刀具卡

产品名称：				零件名称：	铣削配合件
序号	刀具号	刀具名称	数量	加工用途	规格
1					
2					
3					
4					
5					

2. 切削用量选择

本任务主要加工零件上 2 个 $\phi8$ mm、深度为 13 mm 的孔和 2 个 M6 mm 螺纹孔，主要涉及钻削、铰削、攻螺纹等孔加工编程及工艺知识。制订本零件的切削用量，见表 13 – 4。

表 13 – 4　切削用量表

序号	刀具号	刀具名称	主轴转速/$(r \cdot min^{-1})$	进给率/$(mm \cdot r^{-1})$	背吃刀量/mm	备注
1						
2						
3						
4						
5						
6						

3. 绘制加工路线

加工顺序按照先粗后精的原则，为防止钻偏，所有的孔均先用中心钻钻孔定位，然后再钻孔（每个孔单独确定加工顺序）。

（1）$\phi8$ mm 孔。

（2）M6 mm 孔。

4. 编写零件加工程序

程序内容	程序说明

活动五　执行工作计划

完成表 13-5 中各操作流程的工作内容，并填写学习问题反馈。

铣削配合件孔编程
与加工—实操

表 13-5　工作计划表

序号	操作流程	工作内容	学习问题反馈
1	开机检查	检查机床→开机→低速热机→返回机床参考点（先回 Z 轴，再回 X/Y 轴）	
2	工件装夹	平口钳装夹工件底面，注意伸出高度	
3	刀具安装	依次将所需刀具安装在刀位上	
4	对刀操作	依次完成各把刀具的对刀及刀补录入	
5	程序传输	将编写好的加工程序通过传输软件上传到数控系统中	
6	程序校验	锁住机床。调出所需加工程序，在"图形校验"功能下，实现零件加工刀具运动轨迹的校验	
7	零件加工	运行程序，完成零件加工。选择单步运行，结合程序观察走刀路线和加工过程。孔加工后，测量孔尺寸，针对加工误差进行适当的补偿	
8	零件检测	用量具测量加工完成的零件	

活动六　考核与评价

1. 职业素养考核

职业素养考核包括操作规范和劳动教育，是贯穿整个任务的过程性考核，占任务成绩的 30%，具体考核内容见表 13-6。

表 13-6　职业素养考核表

考核项目		考核内容	配分/分	扣分/分	得分/分
加工前准备	纪律	服从安排、清扫场地等。违反一项扣 1 分	2		
	安全生产	安全着装、按规程操作等。违反一项扣 1 分	2		
	职业规范	机床预热，按照标准进行设备点检。违反一项扣 1 分	2		
加工操作过程	打刀	每打刀一次扣 2 分	6		
	文明生产	工具、量具、刀具定制摆放，工作台面整洁等。违反一项扣 1 分	6		
	违规操作	用砂布或锉刀修饰、锐边未倒钝或倒钝尺寸太大等未按规定的操作行为，扣 1~2 分	6		

考核项目		考核内容	配分/分	扣分/分	得分/分
加工结束后设备保养	清洁清扫	清理机床内部铁屑，确保机床表面各位置整洁；清扫机床周围卫生。违反一项扣1分	2		
	整理整顿	工具、量具的整理与定制管理。违反一项扣1分	2		
	设备保养	严格执行设备的日常点检工作。违反一项扣1分	2		
撞机床或工伤		发生撞机床或工伤事故，整个测评成绩记0分			
总分			30		

2. 零件加工质量考核

零件加工质量是零件产品合格的关键，具体评价指标见表13-7。

表13-7 铣削配合件孔加工质量考核表

序号	检测项目	检测内容	检测要求	配分/分	学员自测尺寸	教师评价	
						检测结果	得分/分
1	孔尺寸/mm	$\phi 8^{+0.02}_{0}$	超差不得分	20			
2	螺纹尺寸/mm	M8	合格	20			
3	其他	表面粗糙度	超差不得分	10			
4		锐角倒钝	超差不得分	10			
5		去毛刺	超差不得分	10			
总分				70			

活动七 总结与拓展

1. 任务实施情况分析

任务完成后，学生根据任务实施情况分析存在的问题及原因，并填写表13-8，教师对项目实施情况进行点评。

表13-8 任务实施情况分析表

任务实施过程	存在的问题	解决办法
机床操作		
加工程序		
加工工艺		
加工质量		
安全文明生产		

2. 总结

（1）工件装夹时，要考虑垫块与加工部位是否干涉。

（2）钻孔加工前，要先钻中心孔，保证麻花钻起钻时不会偏心。

（3）在运行固定循环时，由于孔加工方式和数据已经被存储，不能立即停止，因此，若使用复位或急停功能，则固定循环的剩余动作结束后方可停止。

（4）安装铰刀时应首先用百分表校正铰刀，防止影响孔径；铰削和攻螺纹时应充分冷却。

（5）攻螺纹时，暂停按键无效，主轴旋钮倍率保持不变，进给修调旋钮无效。

（6）一般 M6～M20 mm 可用丝锥进行攻螺纹加工，M20 mm 以上的螺纹孔可用螺纹铣刀加工。

3. 拓展学习

铣削配合件孔编程
与加工—仿真加工

任务十四 铣削配合件相似轮廓的编程与加工

活动一 明确工作任务

任务编号	十四	任务名称	铣削配合件相似轮廓的编程与加工
设备型号	CY – VMC950LH	工作区域	工程实训中心—数控铣削实训区
版本	FANUC 0i – MD	建议学时	6
参考文件	数控车数控职业技能等级证书，FANUC 数控系统操作说明书		
素养提升	1. 执行安全、文明的生产规范 2. 实施 8S 管理制度 3. 提升学生的产品质量意识，培养独立自主分析质量问题的能力，能够总结经验教训，持续改进工艺参数 4. 培养学生爱岗敬业、热爱劳动、规范操作、严守流程、团队协作的职业素养		
职业技能等级 证书要求	1. 能根据机械制图国家标准及铣削配合件零件图，正确识读铣削配合件相似轮廓的形状特征、零件加工精度、技术要求等信息 2. 能根据工作任务要求和数控铣床操作手册，完成数控铣床坐标系的建立、数控铣床坐标点的计算 3. 能根据零件图、机械加工工艺文件及编程手册，完成铣削配合件相似轮廓的数控加工程序的编写		

工具/设备/材料具体如下。

种类	名称	规格	精度	单位	数量
工具	机用虎钳	QH135		把	4
	扳手			把	1
	平行垫块			套	1
	塑胶锤子			把	1
量具	百分表及表座	0~10 mm	0.01 mm	套	1
	深度游标卡尺	0~200 mm	0.02 mm	把	1
	游标卡尺	0~150 mm	0.02 mm	把	1
刀具	高速钢立铣刀	ϕ14 mm		把	1

1. 工作任务

本次工作任务如图 14-1~图 14-3 所示。

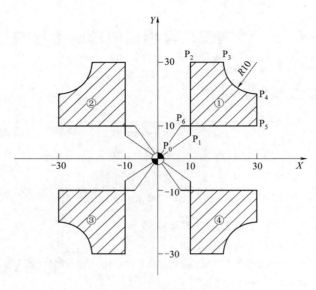

图 14 − 1　镜像加工图形

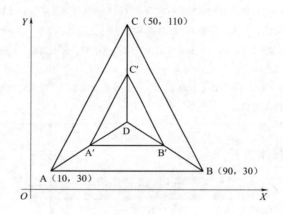

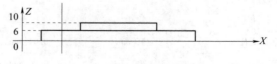

图 14 − 2　缩放加工图形

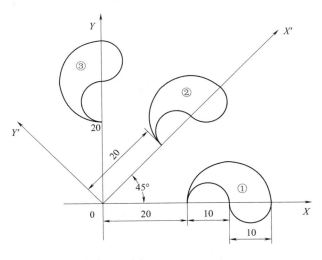

图 14 – 3　旋转加工图形

2．工作准备

（1）技术资料：工作任务书、教材、FANUC 数控系统操作说明书。

（2）工作场地：具备良好的照明、通风和消防设施等条件。

（3）工具、设备、材料：按"工具/设备/材料"栏目准备。

（4）教学方式：建议实施分组教学，2 ~ 3 人为一组，每组配备 1 台数控铣床。通过分组讨论完成零件的工艺分析及加工工艺方案设计，通过演示和操作训练完成零件的加工。

（5）劳动防护：正确穿戴劳保用品、工作服。

（6）耗材：各学校可根据实际情况选用尼龙块代替。

活动二　思考引导问题

（1）在使用比例缩放指令编程时，刀具半径补偿值也会被缩放吗？一般情况下，比例缩放指令与刀具半径补偿指令的先后顺序如何？

（2）使用镜像功能指令后，刀具半径补偿功能与原工件加工时有何不同？圆弧插补功能与原工件加工时有何不同？

活动三　知识链接

1．比例缩放指令 G51/G50

（1）指令介绍。

比例缩放功能可以使原编程尺寸按指定比例放大或缩小，如图 14 – 4 所示。

铣削配合件相似
轮廓编程与加工

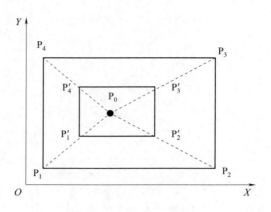

图 14-4　比例缩放

G51 指令用于开启比例缩放功能；G50 指令用于撤消比例缩放功能。

指令格式：

G51 X_Y_ Z_P_；　　　　X、Y、Z 为比例缩放中心坐标的绝对值，指令

　　　　　　　　　　　　各轴以 P 指定的比例进行缩放，其最小输入量为 0.001

（M98 P_ ）；　　　　　缩放的加工程序段

G50；　　　　　　　　　比例缩放撤消

或

G51 X_Y_Z_I_J_K_；　各轴分别以不同的比例（I、J、K）进行缩放

（M98 P_）；　　　　　缩放的加工程序段

G50；　　　　　　　　　比例缩放撤消

G51 指令使编程的形状以指定位置为中心，放大、缩小相同或不同的比例。需要指出的是，G51 指令必须以单独的程序段进行指定，并以 G50 指令取消。

（2）注意事项。

①缩放中心。G51 指令带的 3 个定位参数 X、Y、Z 为可选参数。定位参数用于指定 G51 指令的缩放中心。如果不指定定位参数，系统将把刀具当前位置设为比例缩放中心。不论当前定位方式为绝对方式还是相对方式，缩放中心只能以绝对定位方式指定。例如：

G17 G91 G54 G00 X20.0 Y20.0；

G51 X50.0 Y50.0 P2000；　　增量方式，缩放中心为 G54 坐标系下的绝对坐标（50，50）

G01 Y90.0；　　　　　　　　参数 Y 还是采用增量方式

②缩放比例。不论当前为 G90 还是 G91 方式，缩放的比例总是以绝对方式表示。

若 G51 指令带参数 P，则各轴缩放比例均为参数 P 的参数值。

若 G51 指令带参数 I，J，K，则 I，J，K 的参数值分别对应 X 轴、Y 轴、Z 轴方向的缩放比例。

若同时指定指令参数 P，I，J，K，系统将忽略指令参数 I，J，K。

若指定参数 P 或 I，J，K 的参数值为 1，则相应轴不进行比例缩放。

若指定参数 P 或 I，J，K 的参数值为 −1，则相对应轴进行镜像。P 与 I，J，K 均为可选参数。

若某个轴未指定，则该轴不进行缩放，如果均未指定，则各轴均不进行比例缩放。

缩放比例可用小数来表示。例如，G51 X10.0 Y0 Z0 I400 J600 K800；指令将以（10，0，0）为缩放中心，X 轴、Y 轴、Z 轴分别以 0.4、0.6、0.8 的比例进行缩放。

③缩放取消。在使用 G50 指令取消比例缩放后，若后面紧跟移动指令，则刀具所在位置为此移动指令的起始点。

2. 镜像加工指令 G51.1/G50.1

（1）指令介绍。

镜像功能可以实现坐标轴的对称加工。

G51.1 指令用于开启镜像功能指令；G50.1 指令用于撤消镜像功能指令。

指令格式：

G51.1 X_Y_；

G50.1 X_Y_；

（2）注意事项。

X、Y 值用于指定对称轴或对称点。当 G51.1 指令后仅有一个坐标时，该镜像以某一坐标轴为镜像轴。例如，G51.1 X10.0；指令表示与 Y 轴平行，且与 X 轴在 X = 10.0 处相交直线为对称轴。

当 G51.1 指令后有两个坐标时，表示该镜像以某一点作为对称点进行镜像。例如，G51.1 X10.0 Y10.0；指令表示以点（10，10）为对称点进行镜像加工。镜像时刀补的变化如图 14 − 5 所示。

例：加工如图 14 − 6 所示的零件，Z 轴起始高度为 100 mm，切深为 10 mm，使用镜像功能。

参考程序如下。

O3015；	主程序
N010 G54 G90 G00 X0 Y0 Z100.0；	程序开始，定位于 G54 原点上方安全高度
N020 S600 M03；	主轴正转
N030 M98 P0700；	加工图形①
N040 G51.1 X0；	建立 Y 轴镜像
N050 M98 P0700；	加工图形②
N060 G51.1 X0 Y0；	建立原点镜像
N070 M98 P0700；	加工图形③
N080 G50.1 X0；	X 轴镜像继续有效，取消 Y 轴镜像

N090 M98 P0700;　　　　　　　　加工图形④

N100; G50.1 Y0X;　　　　　　　　取消镜像

N110 M30;　　　　　　　　　　　主程序结束

O0700;　　　　　　　　　　　　　子程序

N010 G00 Z5.0;　　　　　　　　　快速趋近工件表面

N020 G41 G01 X20.0 Y10.0 D01 F300;点1

N030 G01 Z−10.0 F100;　　　　　　下刀至 Z 轴负 10 mm 深度

N040 Y40.0;　　　　　　　　　　点2

N050 G03 X40.0 Y60.0 R20.0;　　　点3

N060 G01 X50.0;　　　　　　　　点4

N070 G02 X60.0 Y50.0 R10.0;　　　点5

N080 G01 Y30.0;　　　　　　　　点6

N090 G02 X50.0 Y20.0 R10.0;　　　点7

N100 G01 X10.0;　　　　　　　　点8

N110 G00 Z100.0　　　　　　　　快速提刀至安全高度

N120 G40 X0 Y0;　　　　　　　　返回原点并取消刀具半径补偿

N130 M99;　　　　　　　　　　　子程序结束

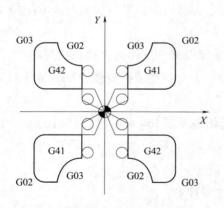

图14−5　镜像时刀补的变化

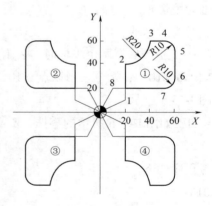

图14−6　镜像加工示例零件图

3. 坐标系旋转指令 G68/G69

（1）指令介绍。

坐标系旋转是指通过坐标旋转可以将编程形状旋转至指定角度。如果工件的形状由许多相同的单元组成，且分布在由单元图形旋转便可达到的位置时，即可将图形单元编成子程序，然后使用主程序的旋转指令旋转图形单元，得到工件整体形状。

G68 指令用于开启坐标系旋转指令；G69 指令用于撤消坐标系旋转指令。

指令格式：

G68 X_Y_Z_R_;

G69；

（2）使用说明。

①使用坐标系旋转指令 G68 的程序段之前要指定平面选择指令 G17、G18 或 G19，平面选择指令不能在坐标系旋转方式中指定。

②当 X，Y 省略时，G68 指令认为当前的刀具位置即为旋转中心。

③若程序中未指定 R 值，则参数 5410 中的值被认为是角度位移值。

④取消坐标系旋转指令 G69 可以指定在其他指令的程序段中。

⑤在比例缩放方式下执行坐标系旋转程序的顺序如下。

G51…；　　　　　　　　　比例缩放方式开启

G68…；　　　　　　　　　坐标系旋转开启

　⋮

G69…；　　　　　　　　　坐标系旋转撤消

G50…；　　　　　　　　　比例缩放方式撤消

⑥比例缩放、坐标系旋转与刀具半径补偿建立之间的顺序如下。

G40…；　　　　　　　　　刀具半径补偿撤消

G51…；　　　　　　　　　比例缩放方式开启

G68…；　　　　　　　　　坐标系旋转方式开启

G41（G42）…；　　　　　刀具半径补偿方式开启

…

活动四　制订工作计划

1. 工艺分析

（1）工具选择。

本任务工件毛坯的外形为长方体，上表面外形需要加工，为了不影响加工部位，且保证定位和装夹准确可靠，选用机用虎钳进行装夹，夹紧力方向与长度方向垂直。

（2）量具选择。

由于工件表面尺寸和表面质量无特殊要求，轮廓尺寸精度不高，槽间距用游标卡尺测量，深度尺寸用深度游标卡尺测量即可满足要求，同时用百分表校正平口钳及工件的上表面。

（3）刀具选择。

本任务中，最小圆弧半径为 8 mm，所选铣刀具直径应小于或等于 16 mm；该工件的材料为硬铝，切削性能较好，选用高速钢立铣刀即可；同时考虑到该零件精度要求不高，可采用同一把刀具进行粗加工、精加工，因此可选用 ϕ14 mm 高速钢键槽铣刀。

2. 切削用量选择

本任务主要加工相似轮廓零件，加工材料为硬铝，硬度低、切削力小，粗铣深度除留精铣余量外，可以一刀切完，主轴转速为 800 r/min，铣削进给速度为 100 mm/min。

3. 编写任务十四的第一个加工程序

程序内容	程序说明

4. 编写任务十四的第二个加工程序

程序内容	程序说明

5. 编写任务十四的第三个加工程序

程序内容	程序说明

活动五　执行工作计划

完成表 14 – 1 中各操作流程的工作内容，并填写学习问题反馈。

表 14 – 1　工作计划表

序号	操作流程	工作内容	学习问题反馈
1	开机检查	检查机床→开机→低速热机→返回机床参考点（先回 Z 轴，再回 X/Y 轴）	
2	工件装夹	平口钳装夹工件底面，注意伸出高度	
3	刀具安装	依次将所需刀具安装在刀位上	
4	对刀操作	依次完成各把刀具的对刀及刀补录入	
5	程序传输	将编写好的加工程序通过传输软件上传到数控系统中	
6	程序校验	锁住机床。调出所需加工程序，在"图形校验"功能下，实现零件加工刀具运动轨迹的校验	
7	零件加工	运行程序，完成零件加工。选择单步运行，结合程序观察走刀路线和加工过程。粗加工后，测量工件尺寸，针对加工误差进行适当的补偿	
8	零件检测	用量具测量加工完成的零件	

活动六　考核与评价

1. 职业素养考核

职业素养考核包括操作规范和劳动教育，是贯穿整个任务的过程性考核，占任务成绩的 30%，具体考核内容见表 14 – 2。

表 14 – 2　职业素养考核表

考核项目		考核内容	配分/分	扣分/分	得分/分
加工前准备	纪律	服从安排、清扫场地等。违反一项扣 1 分	2		
	安全生产	安全着装、按规程操作等。违反一项扣 1 分	2		
	职业规范	机床预热，按照标准进行设备点检。违反一项扣 1 分	2		
加工操作过程	打刀	每打刀一次扣 2 分	6		
	文明生产	工具、量具、刀具定制摆放，工作台面整洁等。违反一项扣 1 分	6		
	违规操作	用砂布或锉刀修饰、锐边未倒钝或倒钝尺寸太大等未按规定的操作行为，扣 1~2 分	6		

考核项目		考核内容	配分/分	扣分/分	得分/分
加工结束后设备保养	清洁清扫	清理机床内部铁屑，确保机床表面各位置整洁；清扫机床周围卫生。违反一项扣1分	2		
	整理整顿	工具、量具的整理与定制管理。违反一项扣1分	2		
	设备保养	严格执行设备的日常点检工作。违反一项扣1分	2		
撞机床或工伤		发生撞机床或工伤事故，整个测评成绩记0分			
总分			30		

2. 零件加工质量考核

零件加工质量是零件产品合格的关键，具体评价指标见表14-3。

表14-3　铣削配合件相似轮廓加工质量考核表

序号	检测项目	检测内容	检测要求	配分/分	学员自测尺寸	教师评价	
						检测结果	得分/分
1	外形尺寸/mm	$R5$	超差不得分	20			
2	高度尺寸/mm	4	超差不得分	20			
3	其他	表面粗糙度	超差不得分	10			
4		锐角倒钝	超差不得分	10			
5		去毛刺	超差不得分	10			
总分				70			

活动七　总结与拓展

1. 任务实施情况分析

任务完成后，学生根据任务实施情况分析存在的问题及原因，并填写表14-4，教师对项目实施情况进行点评。

表14-4　任务实施情况分析表

任务实施过程	存在的问题	解决办法
机床操作		
加工程序		

任务实施过程	存在的问题	解决办法
加工工艺		
加工质量		
安全文明生产		

2. 总结

（1）在使用子程序、镜像、旋转等功能编程加工时，如果加工部位相对于零件外形有位置度要求，工件坐标系的零点位置就非常重要。可在粗加工后检测位置度误差，适当调整工件坐标系的数值，直到满足加工要求后再进行精加工。

（2）在子程序编程过程中通常以增量方式编程。

（3）通过镜像编程加工完成的零件，由于走刀路线将会从顺时针加工变为逆时针加工或从逆时针加工变为顺时针加工，导致零件的左右轮廓质量不一致，可能会影响零件的使用。对于轮廓质量要求较高的零件，编程人员可根据具体情况决定是否采用该功能。

3. 拓展学习

铣削配合件相似轮廓
编程与加工—仿真加工

任务十五 铣削非圆公式曲线的编程与加工

活动一 明确工作任务

任务编号	十五	任务名称	铣削非圆公式曲线的编程与加工
设备型号	CY - VMC950LH	工作区域	工程实训中心—数控铣削实训区
版本	FANUC 0i - MD	建议学时	6
参考文件	数控车数控职业技能等级证书，FANUC 数控系统操作说明书		
素养提升	1. 执行安全、文明的生产规范 2. 实施 8S 管理制度 3. 提升学生的产品质量意识，培养独立自主分析质量问题的能力，能够总结经验教训，持续改进工艺参数 4. 培养学生爱岗敬业、热爱劳动、规范操作、严守流程、团队协作的职业素养		
职业技能等级证书要求	1. 能根据机械制图国家标准及铣削配合件零件图，正确识读铣削配合件形状特征、零件加工精度、技术要求等信息 2. 能根据工作任务要求和数控铣床操作手册，完成数控铣床坐标系的建立、数控铣床坐标点的计算 3. 能根据零件图、机械加工工艺文件及编程手册，完成铣削非圆公式曲线数控加工程序的编写		

工具/设备/材料具体如下。

种类	名称	规格	精度	单位	数量
工具	机用虎钳	QH135		把	4
	扳手			把	1
	平行垫块			套	1
	塑胶锤子			把	1
量具	百分表及表座	0 ~ 10 mm	0.01 mm	套	1
	深度游标卡尺	0 ~ 200 mm	0.02 mm	把	1
	游标卡尺	0 ~ 150 mm	0.02 mm	把	1
刀具	高速钢立铣刀	ϕ14 mm		把	1
	高速钢球刀	ϕ10 mm		把	1

1. 工作任务

完成图 15-1 所示的半球零件图样的编程与加工。

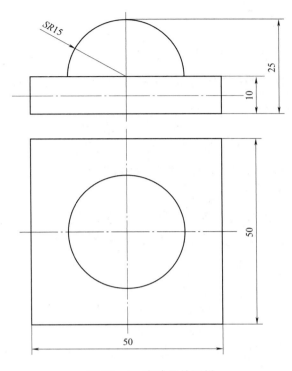

图 15-1　半球零件图样

2. 工作准备

（1）技术资料：工作任务书、教材、FANUC 数控系统操作说明书。

（2）工作场地：具备良好的照明、通风和消防设施等条件。

（3）工具、设备、材料：按"工具/设备/材料"栏目准备。

（4）教学方式：建议实施分组教学，2~3 人为一组，每组配备 1 台数控铣床。通过分组讨论完成零件的工艺分析及加工工艺方案设计，通过演示和操作训练完成零件的加工。

（5）劳动防护：正确穿戴劳保用品、工作服。

（6）耗材：各学校可根据实际情况选用尼龙块代替。

活动二　思考引导问题

（1）FANUC 系统 B 类宏指令 G65、G66、G67 的功能及区别有哪些？

（2）变量如何表达？运算的格式是怎样的？

（3）条件转移、重复执行等控制指令在什么场合使用？

数控铣削非圆公式
曲线编程与加工

活动三　知识链接

1. 宏程序的概念

（1）宏程序的定义。

一组以子程序的形式存储并带有变量的程序称为用户宏程序，简称宏程序。调用宏程序的指令称为用户宏程序命令或宏程序调用指令。

（2）宏程序与普通程序的区别。

普通程序中只能指定常量，一个程序只能描述一个几何形状，缺乏灵活性和适用性；而用户宏程序本体中可以使用变量进行编程，还可以用宏指令对这些变量进行赋值、运算等处理，从而可以使用宏程序执行一些有规律变化的动作。

（3）宏程序的分类。

用户宏程序分为 A、B 两类。在一些较老的 FANUC 系统（如 FANUC 0i－MD）中采用 A 类宏程序，可读性较差；而在较为先进的系统（如 FANUC 0i）中则采用 B 类宏程序。本节主要介绍 B 类宏程序。

2. 变　量

在普通的零件加工程序中，指定地址码并直接用数字值表示移动的距离，如 G01 X100.0 F60。而在宏程序中，可以使用变量来代替地址后面的数值，在程序中或 MDI 方式下对其进行赋值。变量的使用可以使宏程序具有通用性，并且宏程序中可以使用多个变量，彼此之间用变量号码进行识别。

1）变量的形式

变量是用变量符号"#"和后面的变量号组成，如$\#i$（$i=1$，2，3，…）$=100$；也可由表达式来表示变量，如$\#\left[\#1+\#2-60\right]$。

2）变量的使用

（1）在程序中使用变量值时，应指定后跟变量号的地址。当用表达式指定变量时，必须把表达式放在括号中。例如：

Z#30；若#30＝20.0，则表示 Z20.0

F#11；若#11＝100.0，则表示 F100

（2）改变引用变量值的符号，要把"－"放在"#"的前面。例如：

G00 X－#11；

G01 X－$\left[\#11+\#22\right]$ F#3；

（3）当引用未定义的变量时，变量及地址都被忽略。例如，当变量"#11"的值是 0，并且变量"#22"的值是空时，G00 X#11 Y#22 的执行结果为 G00 X0。

注意：从上例可以看出，"变量的值是 0"与"变量的值是空"是两个完全不同的概念。可以这样理解："变量的值是 0"相当于"变量的数值等于 0"，而"变量的值是空"则意味着"该变量所对应的地址根本就不存在、不生效"。

（4）不能用变量代表的地址符有程序号 O、顺序号 N、任选程序段跳转号 "/"。例如，以下三种情况不能使用变量：

O#1；

/OH#2 G00 X100.0；

N#3 Y200.0；

另外，使用 ISO 代码编程时，可用 "#" 表示变量；若用 EIA，则用 "&" 代替 "#"，因为 EIA 中没有 "#"。

3）变量的赋值

（1）直接赋值。

赋值是指将一个数据赋予一个变量。例如，"#1 = 10" 表示 "#1" 的值是 10，其中 "#1" 代表变量，"#" 是变量符号（注意：不同的数控系统，表示方法可能有差别），10 就是给变量#1 赋的值。这里的 " = " 是赋值符号，起语句定义作用。

赋值的规律如下。

①赋值号 " = " 两边内容不能随意互换，左边只能是变量，右边可以是表达式、数值或变量。

②一个赋值语句只能给一个变量赋值，整数值的小数点可以省略。

③可以多次给一个变量赋值，新变量值将取代原变量值（即最后赋的值生效）。

赋值语句具有运算功能，它的一般形式是，变量 = 表达式。例如：

#1 = #1 + 1；

#6 = #24 + #4 * COS［#5］；

④赋值表达式的运算顺序与数学运算顺序相同。

⑤辅助功能（M 代码）的变量有最大值限制，例如，将 M30 赋值为 300 显然是不合理的。

（2）引数赋值。

宏程序体以子程序方式出现，所用的变量可在宏调用时在主程序中赋值。例如：

G65 P2001 X100.0 Y20.0 F20.0；

其中，X、Y、F 对应于宏程序中的变量号，变量的具体数值由引数后的数值决定。引数与宏程序体中变量的对应关系有两种，分别见表 15 - 1 和表 15 - 2。两种方法可以混用，其中地址 G，L，N，O，P 不能在自变量中使用。

表 15 -1　变量赋值方法 1

地址	变量号	地址	变量号	地址	变量号
A	#1	I	#4	T	#20
B	#2	J	#5	U	#21

地址	变量号	地址	变量号	地址	变量号
C	#3	K	#6	V	#22
D	#7	M	#13	W	#23
E	#8	Q	#17	X	#24
F	#9	R	#18	Y	#25
H	#11	S	#19	Z	#26

表 15 – 2　变量赋值方法 2

地址	变量号	地址	变量号	地址	变量号
A	#1	K3	#12	J7	#23
B	#2	I4	#13	K7	#24
C	#3	J4	#14	I8	#25
I1	#4	K4	#15	J8	#26
J1	#5	I5	#16	K8	#27
K1	#6	J5	#17	I9	#28
I2	#7	K5	#18	J9	#29
J2	#8	I6	#19	K9	#30
K2	#9	J6	#20	I10	#31
I3	#10	K6	#21	J10	#32
J3	#11	I7	#22	K10	#33

使用变量赋值方法 1 的指令示例如下。

G65 P2001 A100.0 X20.0 F20.0；

　　　　　↓　　　↓　　　↓

　　　　　#1　　#24　　#9

使用变量赋值方法 2 的指令示例如下。

G65 P2002 A10.0 I5.0　J0　K20.0 I0 J30 K9；

　　　　　↓　　↓　　↓　↓　　　↓　↓　↓

　　　　　#1　 #4　 #5　#6　　 #7 #8 #9

4）变量类型

变量从功能上主要可归纳为以下两种。

（1）系统变量（系统占用部分），用于系统内部运算时各种数据的存储。

（2）用户变量，包括局部变量和公共变量，用户可以单独使用，系统作为处理资料的一部分。

变量类型见表 15 - 3。

表 15 - 3　变量类型

变量名		类型	功能
#0		空变量	该变量总是空，没有值能赋予该变量
用户变量	#1 ~ #33	局部变量	局部变量只能在宏程序中存储数据，如运算结果。断电时，局部变量清除（初始化为空）。可以在程序中对其赋值
	#100 ~ #199 #500 ~ #999	公共变量	公共变量在不同的宏程序中的意义相同（即公共变量对于主程序和从这些主程序调用的每个宏程序来说是公用的）。断电时，#100 ~ #199 清除（初始化为空），通电时复位到 0。而#500 ~ #999 数据，即使在断电时也不清除
#1 000 及以上		系统变量	系统变量用于读写 CNC 运行时各种数据变化，如刀具当前位置和补偿值等

5）变量的运算

（1）运算类型。

在宏程序中，变量可以进行赋值、算术运算、逻辑运算、函数、关系等运算，见表 15 - 4。

表 15 - 4　变量的各种运算

变量名		格式	示例
赋值、定义、置换		$\#i = \#j$	$\#20 = 500$　$\#102 = \#10$
函数运算	加法	$\#i = \#j + \#k$	$\#3 = \#10 + \#105$
	减法	$\#i = \#j - \#k$	$\#9 = \#3 - 100$
	乘法	$\#i = \#j * \#k$	$\#120 = \#1 * \#24$　$\#20 = \#6 * 360$
	除法	$\#i = \#j/\#k$	$\#105 = \#8/\#7$　$\#80 = \#21/4$
函数运算	正弦（度）	$\#i = SIN [\#j]$	$\#10 = SIN [\#3]$
	反正弦	$\#i = ASIN [\#j]$	$\#146 = ASIN [\#2]$
	余弦（度）	$\#i = COS [\#j]$	$\#132 = COS [\#30]$
	反余弦	$\#i = ACOS [\#j]$	$\#18 = ACOS [\#24]$
	正切（度）	$\#i = TAN [\#j]$	$\#30 = TAN [\#21]$
	反正切	$\#i = ATAN [\#j] / [\#k]$	$\#146 = ATAN [\#1] / [2]$

变量名		格式	示例
函数运算	平方根	$\#i = \text{SQRT} [\#j]$	$\#136 = \text{SQRT} [\#12]$
	绝对值	$\#i = \text{ABS} [\#j]$	$\#5 = \text{ABS} [\#102]$
	四舍五入整数化	$\#i = \text{ROUND} [\#j]$	$\#112 = \text{ROUND} [\#23]$
	指数函数	$\#i = \text{EXP} [\#j]$	$\#7 = \text{EXP} [\#31]$
	（自然）对数	$\#i = \text{LN} [\#j]$	$\#4 = \text{LN} [\#200]$
	上取整（舍去）	$\#i = \text{FIX} [\#j]$	$\#105 = \text{FIX} [\#109]$
	下取整（进位）	$\#i = \text{FUP} [\#j]$	$\#104 = \text{FUP} [\#33]$
逻辑运算	与	$\#i \text{ AND} \#j$	$\#126 = \#10\text{AND}\#11$
	或	$\#i \text{ OR} \#j$	$\#22 = \#5\text{OR}\#18$
	异或	$\#i \text{ XOR} \#j$	$\#12 = \#15\text{XOR}25$
关系运算	等于（=）	$\#i \text{ EQ} \#j$	$\#1 = 10$，$\#2 = 5$，则$\#1\text{EQ}\#2$ 为假
	不等于（≠）	$\#i \text{ NE} \#j$	$\#1 = 10$，$\#2 = 5$，则$\#1\text{NE}$ 为真
	大于（>）	$\#i \text{ GT} \#j$	$\#1 = 10$，$\#2 = 5$，则$\#1\text{GT}\#2$ 为真
	大于或等于（≥）	$\#i \text{ GE} \#j$	$\#1 = 10$，$\#2 = 5$，则$\#1\text{GE}\#2$ 为假
	小于（<）	$\#i \text{ LT} \#j$	$\#1 = 10$，$\#2 = 5$，则$\#1\text{LT}\#2$ 为假
	小于或等于（≤）	$\#i \text{ LE} \#j$	$\#1 = 10$，$\#2 = 5$，则$\#1\text{LE}\#2$ 为假
从 BCD 转为 BIN		$\#i = \text{BIN} [\#j]$	用于与 PMC 的信号交换
从 BIN 转为 BCD		$\#i = \text{BCD} [\#j]$	

（2）混合运算时的运算顺序。

在混合运算中运算的优先级从高到低依次为函数运算、算术运算、关系运算、逻辑运算

例如：

（3）括号嵌套。

用"［］"可以改变运算顺序，最里层的［］优先运算。括号［］最多可以嵌套五级（包括函数内部使用的括号）。

例如：

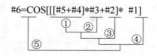

3. 转移与循环

在程序中，使用 GOTO 语句和 IF 语句可以改变程序的流向，有三种转移和循环语

句可供使用。

1）无条件转移（GOTO 语句）

转移（跳转）到标有顺序号 n（即俗称的行号）的程序段。当指定 1～99999 以外的顺序号时，系统出现报警。其格式如下。

GOTO n；　　n 为顺序号（1～99 999）

例如，GOTO 100 语句的功能是转移至第 100 行开始执行。

2）条件转移（IF 语句）

（1）格式 1。

IF ［＜条件表达式＞］　　GOTO n

如果指定的条件表达式为真时，则转移（跳转）到标有顺序号 n 的程序段；如果指定的条件表达式为假，则顺序执行下个程序段。如图 15－2 所示。

图 15－2　IF...GOTO 语句执行流程

（2）格式 2。

IF ［＜条件表达式＞］　THEN

如果指定的条件表达式满足时，则执行预先指定的宏程序语句，而且只执行一个宏程序语句。例如：

IF ［#1 EQ #2］THEN #3 = 10；如果 "#1" 和 "#2" 的值相同，10 赋值给 "#3"。

注意：①条件表达式必须包括关系运算符，并插在两个变量中间或变量和常量中间，并且用 "［　］" 封闭。

②关系运算符：运算符由两个字母组成，用于两个值的比较，以决定它们是相等的，还是一个值小于或大于另一个值。

3）循环（WHILE 语句）

在 WHILE 后指定一个条件表达式，当指定条件表达式为真时，执行从 DO 到 END 的程序；否则，转到 END 后的程序段，如图 15－3 所示。

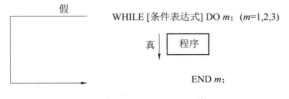

图 15－3　WHILE 语句执行流程

DO 后的标号和 END 后的标号是指定程序执行范围的标号，标号值为 1，2，3，若用其他数值系统出现报警。

嵌套在 DO...END 循环中的标号 1，2，3 可根据需要多次使用，但当程序有交叉重复，循环 DO 范围的重叠时，系统出现报警。主要有四种情况，如图 15-4～图 15-7 所示。

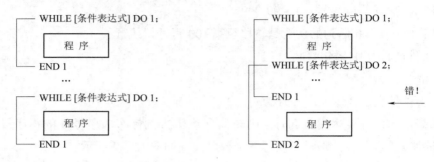

图 15-4　标号 1～3 可以根据需要多次使用　　图 15-5　DO 范围不能交叉

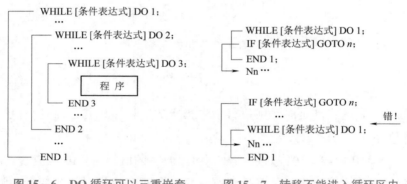

图 15-6　DO 循环可以三重嵌套　　图 15-7　转移不能进入循环区内

4. 宏程序调用

宏程序调用指令既可以在主程序体中使用，也可以当作子程序来调用：

（1）放在主程序体中。

例如：

…

N50 #100 = 30.0；

N60 #101 = 20.0；

N70 G01 X#100　Y#101 F500；

…

（2）当作子程序来调用。

当指定 G65 时，以地址 P 指定的用户宏程序被调用，数据自变量能传递到用户宏程序体中，如图 15-8 所示。

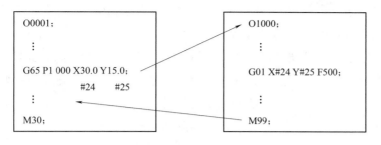

图 15 - 8　宏程序调用指令 G65

调用格式如下。

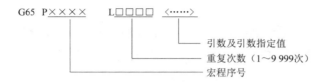

引数及引数指定值
重复次数（1～9 999次）
宏程序号

说明：

①G65 必须放在该句首。

②省略 L 值时认为 L 等于 1。

③一个引数是一个字母，对应于宏程序中变量的地址（见表 15 - 1 和表 15 - 2），引数后面的数值赋给宏程序中与引数对应的变量。

④同一语句中可以有多个引数，若变量赋值方法 1 和方法 2 混合赋值，后赋值的变量类型有效。例如：

G65 P1000 A1.0 B2.0 I—3.0 I4.0 D5.0；

其中，I4.0 和 D5.0 都给变量#7 赋值，但后者 D5.0 有效。

活动四　制订工作计划

1. 工艺分析

（1）工具选择。

本任务工件毛坯的外形为长方体，上表面外形需要加工，为了不影响加工部位，且保证定位和装夹准确可靠，选用机用虎钳进行装夹，夹紧力方向与长度方向垂直。

（2）量具选择。

由于表面尺寸和表面质量无特殊要求，轮廓尺寸精度不高，槽间距用游标卡尺测量，深度尺寸用深度游标卡尺测量即可满足要求，同时用百分表校正平口钳及工件的上表面。

（3）刀具选择。

该工件的材料为硬铝，切削性能较好，选用高速钢立铣刀粗加工，高速钢球刀精加工即可满足工艺要求，选用 φ14 mm 高速钢立铣刀、φ10 mm 高速钢球刀。

（4）球面零件铣削加工的走刀路线。

球面加工一般采用分层铣削的方式，即利用一系列水平面截球面形成的同心圆来完成走刀。在进刀控制上有从上向下进刀和从下向上进刀两种方式，一般使用从下向上进刀方式来完成加工。此时主要利用铣刀侧刃切削，表面质量较好，端刃磨损较小，同时切削力将刀具向欠切方向推，有利于控制加工尺寸。

球面零件铣削进刀轨迹的处理：使用立铣刀加工，曲面加工是刀尖完成的，当刀尖沿圆弧运动时，其刀具中心运动轨迹是一个等径圆弧，位置相差一个刀具半径；使用对球头刀加工，曲面加工是球刃完成的，其刀具中心是球面的同心球面，半径相差一个刀具半径。

当采用等高方式逐层切削时，先根据允许的加工误差和表面粗糙度，确定合理的 Z 向进刀量，再根据给定加工深度 z，计算加工圆的半径，即

$$r = sqr\left[tR^2 - z^2\right]$$

当采用等角度方式逐层切削时，先根据允许的加工误差和表面粗糙度，确定两个相邻进刀点相对球心的角度增量，再根据角度计算进刀点的 r 和 z 值，即 $z = R\sin\theta$，$r = R\cos\theta$。

2. 切削用量选择

本任务主要加工半球零件，加工材料为硬铝，硬度低、切削力小，主轴转速为 800 r/min，铣削进给速度为 100 mm/min。

3. 编写零件加工程序

本任务含有一个半径为 10 mm 的半球。设定刀具从工件上表面开始，分层铣削，逐渐加深；每次铣削按照平面圆弧轨迹插补；随着深度增加，圆弧半径增大。设切削点所在的球心半径与球的垂直中心线夹角 α 为自变量，则切削轨迹所在的平面圆的半径值则为 $R\sin\alpha$，角度 α 由 0° 开始，最大增加到 90°。

程序内容	程序说明

学习笔记

程序内容	程序说明

活动五 执行工作计划

完成表 15 – 5 中各操作流程的工作内容，并填写学习问题反馈。

表 15 – 5 工作计划表

序号	操作流程	工作内容	学习问题反馈
1	开机检查	检查机床→开机→低速热机→返回机床参考点（先回 Z 轴，再回 X/Y 轴）	
2	工件装夹	平口钳装夹工件底面，注意伸出高度	

序号	操作流程	工作内容	学习问题反馈
3	刀具安装	依次将所需刀具安装在刀位上	
4	对刀操作	依次完成各把刀具的对刀及刀补录入	
5	程序传输	将编写好的加工程序通过传输软件上传到数控系统中	
6	程序校验	锁住机床。调出所需加工程序，在"图形校验"功能下，实现零件加工刀具运动轨迹的校验	
7	零件加工	运行程序，完成零件加工。选择单步运行，结合程序观察走刀路线和加工过程。粗加工后，用球刀进行精加工	
8	零件检测	用量具测量加工完成零件	

活动六　考核与评价

1. 职业素养考核

职业素养考核包括操作规范和劳动教育，是贯穿整个任务的过程性考核，占任务成绩的30%，具体考核内容见表15-6。

表15-6　职业素养考核表

考核项目		考核内容	配分/分	扣分/分	得分/分
加工前准备	纪律	服从安排、清扫场地等。违反一项扣1分	2		
	安全生产	安全着装、按规程操作等。违反一项扣1分	2		
	职业规范	机床预热，按照标准进行设备点检。违反一项扣1分	2		
加工操作过程	打刀	每打刀一次扣2分	6		
	文明生产	工具、量具、刀具定制摆放，工作台面整洁等。违反一项扣1分	6		
	违规操作	用砂布或锉刀修饰、锐边未倒钝或倒钝尺寸太大等未按规定的操作行为，扣1~2分	6		
加工结束后设备保养	清洁清扫	清理机床内部铁屑，确保机床表面各位置整洁；清扫机床周围卫生。违反一项扣1分	2		
	整理整顿	工具、量具的整理与定制管理。违反一项扣1分	2		
	设备保养	严格执行设备的日常点检工作。违反一项扣1分	2		
撞机床或工伤		发生撞机床或工伤事故，整个测评成绩记0分			
总分			30		

2. 零件加工质量考核

零件加工质量是零件产品合格的关键，具体评价指标见表 15-7。

表 15-7　铣削非圆公式曲线加工质量考核表

序号	检测项目	检测内容	检测要求	配分/分	学员 自测尺寸	教师评价	
						检测结果	得分/分
1	外形尺寸/mm	$R15$	超差不得分	20			
2	高度尺寸/mm	15	超差不得分	20			
3		表面粗糙度	超差不得分	10			
4	其他	锐角倒钝	超差不得分	10			
5		去毛刺	超差不得分	10			
总分				70			

活动七　总结与扩展

1. 任务实施情况分析

任务完成后，学生根据任务实施情况分析存在的问题及原因，并填写表 15-8，教师对项目实施情况进行点评。

表 15-8　任务实施情况分析表

任务实施过程	存在的问题	解决的办法
机床操作		
加工程序		
加工工艺		
加工质量		
安全文明生产		

2. 总结

（1）在一行程序段中最多可定义 3 个 R 参数的值，超过 3 个系统会报错。

（2）R 参数的赋值形式只可以是实数 REAL 形式，不可以赋值字符及字符串等形式。

（3）IF 语句只能对表达式的两种情况做出判断，即"是"或"不是"。如果表达式有多种情况，就要采用嵌套复合的 IF 语句，这样给编程带来了一些不方便，同时也为以后的阅读程序、修改程序带来不便，这时可以使用 CASE…OF 语句。

3. 拓展学习

素养拓展

刘云清：从维修工到高铁"智造"专家

从一名机修钳工，变身"智能制造"专家，这条路该怎么走？

中专毕业的刘云清，靠自学拿下了本科学历，在国家级刊物上发表论文3篇，获得数十项科研成果、两项发明专利，带领一众科班出身的徒弟，行走在智能制造的路上，先后被评为"江苏省劳动模范""中国质量工匠"，他还是"全国五一劳动奖章"获得者。

面对荣誉，42岁的刘云清很淡定。"我就是个工人，往大了说，是创新型高铁工人。"他笑着说，"我感觉，我的成长故事就像中国高铁的引进、消化、吸收、再创新创造的过程一样。"

徒弟黄彬说："哪怕是一颗螺丝，师傅都会细致地根据具体工况、使用环境、实际用途和要达到的要求去选择螺芽、细芽、中芽、粗芽，那可都是不一样的。"

因为专注，刘云清成为一名全面掌握机械、电气、液压等设备维修的技术专家。

传帮带，是刘云清自入行起就接受的理念。随着他的知名度越来越大，他的工作室也将理念和方法分享给同行。目前，工作室举办培训100余场，培训2 000多人次，其中培养数控设备维修人才20余人，创造了近亿元的产值。

在中国制造的一线，刘云清深知智能制造的重要。2017年，中车戚墅堰所成立了智能制造事业部，刘云清的工作重心从维修、研发向自动化生产线、智能化车间的搭建转移。他说，他不愿安逸、不怕挑战，这是个新征程，作为新时代的工人，奋斗才会有更大作为。

单元小测

一、选择题

1. G03 X_Z_I_K_F_；中 K 表示（　　）。

A. Z 轴终点坐标

B. 圆弧起点指向圆心的矢量在 Z 轴上的分量

C. Z 轴起点坐标

D. 圆心指向圆弧起点的矢量在 Z 轴上的分量

2. 程序中的辅助功能，又称（　　）。

A. G 代码　　　　　B. M 代码　　　　　C. T 代码　　　　　D. S 代码

3. 程序段即为 NC（数字控制）程序段，地址为（　　）。

A. N　　　　　　　B. O　　　　　　　C. %　　　　　　　D. P

4. 子程序调用和子程序返回是用哪一组指令实现的（　　　）。

　　A. G98、G99　　　　　　B. M98、M99　　　　　C. M98、M02　　　　　D. M99、M98

5. FANUC 系统中（　　　）指令表示程序暂停，重新按启动键后，再继续执行后面的程序段。

　　A. M00　　　　　　　　B. M01　　　　　　　　C. M02　　　　　　　　D. M30

6. FANUC 系统中（　　　）指令表示程序结束。

　　A. M00　　　　　　　　B. M01　　　　　　　　C. M02　　　　　　　　D. M03

7. FANUC 系统中（　　　）指令表示从尾架方向看，主轴以顺时针方向旋转。

　　A. M04　　　　　　　　B. M01　　　　　　　　C. M03　　　　　　　　D. M05

8. FANUC 系统中，M06 指令是（　　　）指令。

　　A. 夹盘松　　　　　　　B. 切削液关　　　　　　C. 切削液开　　　　　　D. 换刀

9. FANUC 系统中，（　　　）指令是切削液停指令。

　　A. M08　　　　　　　　B. M02　　　　　　　　C. M09　　　　　　　　D. M06

10. FANUC 系统中，M11 指令是（　　　）指令。

　　A. 夹盘紧　　　　　　　B. 切削液停　　　　　　C. 切削液开　　　　　　D. 夹盘松

11. FANUC 系统中，M22 指令是（　　　）指令。

　　A. X 轴镜像　　　　　B. 镜像取消　　　　　　C. Y 轴镜像　　　　　D. 空气开

12. FANUC 系统中，M23 指令是（　　　）指令。

　　A. X 轴镜像　　　　　B. Y 轴镜像　　　　　C. Z 轴镜像　　　　　D. 镜像取消

13. FANUC 系统中，（　　　）指令是尾架顶尖进给指令。

　　A. M32　　　　　　　　B. M33　　　　　　　　C. M03　　　　　　　　D. M30

14. FANUC 系统中，（　　　）指令是子程序结束指令。

　　A. M33　　　　　　　　B. M99　　　　　　　　C. M98　　　　　　　　D. M32

15. 以下（　　　）指令是正确的。

　　A. G42 G0　X_Y_D_;　　　　　　　　　　　B. G41 M03;

　　C. G40 G02 Y_ D_;　　　　　　　　　　　D. G42 G03 X_Y_D_;

二、判断题

1. 爱岗敬业是对从业人员工作态度的首要要求。　　　　　　　　　　　　　　（　　　）

2. 工作场地的合理布局，有利于提高劳动生产率。　　　　　　　　　　　　　（　　　）

3. 在尺寸符号 $\phi50F8$ 中，公差代号是指 50F8。　　　　　　　　　　　　　（　　　）

4. 百分表的分度值是 0.01 mm。　　　　　　　　　　　　　　　　　　　　　（　　　）

5. 陶瓷刀具适用于铝、镁、钛等合金材料的加工。　　　　　　　　　　　　　（　　　）

6. 刀具长度补偿指令 G43 是将 H 代码指定的已存入偏置器中的偏置值加到运动指令终点坐标去。　　　　　　　　　　　　　　　　　　　　　　　　　　　　　　　（　　　）

7. 使用 V 形架检验轴径夹角误差时，量块高度的计算公式是 $h = M - 0.5 (D +$

d）$-R\sin\theta$。 （　　）

8. 将两半箱体通过定位部分或定位元件合为一体，用检验芯棒插入基准孔和被测孔，如果检验芯棒能自由通过，则说明同轴度符合要求。 （　　）

9. 如果两半箱体的同轴度要求不高，可以在两被测孔中插入检验芯棒，将百分表固定在其中一个芯棒上，百分表测头触在另一孔的芯棒上，百分表转动一周，所得读数就是同轴度误差。 （　　）

10. 在平面直角坐标系中，圆的方程是 $(X-30)^2+(Y-25)^2=15^2$，此圆的半径为 15。 （　　）

课后拓展

完成图 15-9 所示固定板零件的加工（该零件为小批量生产，毛坯尺寸为 210 mm × 190 mm × 35 mm，材料为 45 号钢）。

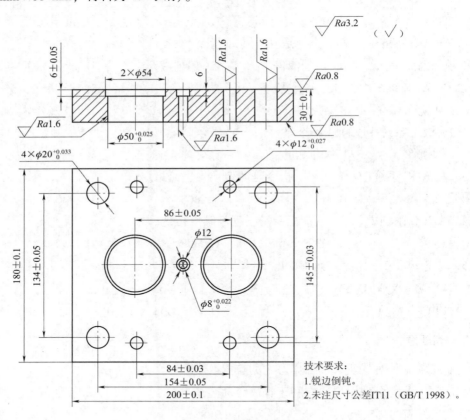

图 15-9　零件图样

项目三　多轴机床编程与加工

任务十六　多轴机床的基本操作

活动一　明确工作任务

任务编号	十六	任务名称	多轴机床基本操作
设备型号	HNC – 818B	工作区域	工程实训中心—数控铣削实训区
版本	FUNAC 0i	建议学时	6
参考文件	数控车数控职业技能等级证书，FANUC 数控系统操作说明书		
素养提升	1. 培养学生的安全意识和责任感 2. 培养学生树立追求卓越、精益求精的态度 3. 激发学生的学习热情，引导学生树立正确的价值观 4. 培养学生的创新意识和创造力； 5. 培养学生树立诚信、敬业、守法的职业操守		
职业技能等级 证书要求	1. 能根据机械制图国家标准及多轴机床基本操作，正确识读多轴零件形状特征、零件加工精度、技术要求等信息 　2. 能根据工作任务要求和多轴机床操作手册，完成多轴机床坐标系的建立、多轴机床坐标节点的计算 　3. 能根据零件图、机械加工工艺文件及编程手册，完成多轴机床的基本操作		

工具/设备/材料具体如下。

类别	名称	规格型号	单位	数量
工具	卡盘扳手		把	1
	刀架扳手		把	1
	加力杆		把	1

续表

类别	名称	规格型号	单位	数量
工具	内六角扳手		套	1
	活动扳手		把	1
	垫片		片	若干
	铁屑钩		把	1
	卫生清洁工具		套	1
量具	钢直尺	0～300 mm	把	1
	游标卡尺	0～200 mm	把	1
刀具	D8 端铣刀		把	1
耗材	棒料（45 号钢）		根	按图样

1. 工作任务

图 16 – 1 所示为铣刀柄零件，圆柱上有四条排屑槽，毛坯为圆柱体，计算加工该零件排屑槽结构的四轴加工刀路。

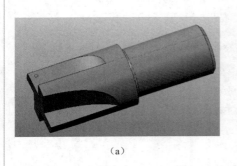
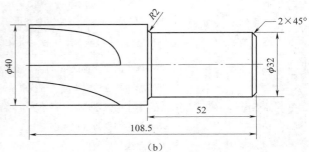

（a）　　　　　　　　　　　　　　（b）

图 16 – 1　铣刀刀柄

（a）铣刀刀柄三维图；（b）铣刀刀柄尺寸图

2. 工作准备

（1）技术资料：工作任务书、教材、FANUC 数控系统操作说明书。

（2）工作场地：具有良好的照明、通风和消防设施等条件。

（3）工具、设备、材料：按"工具/设备/材料"栏目准备。

（4）教学方式：建议实施教学分组，2～3 人为一组，每组配备 1 台数控铣床。通过分组讨论完成零件的工艺分析及加工工艺方案设计，通过演示和操作训练完成零件的加工。

（5）劳动防护：正确穿戴劳保用品、工作服。

（6）耗材：各学校可根据实际情况选用尼龙棒代替。

活动二　思考引导问题

（1）多轴机床有哪些类型？

（2）多轴机床加工的特点有哪些？

（3）完成本任务需要用到哪些铣刀？

活动三　知识链接

1. 多轴机床常用的类型

（1）四轴联动机床。

数控四轴联动机床如图 16-2 所示。在铣床上增加一个旋转轴，这个旋转轴一般指的是 A 轴或 B 轴，A 轴是相对于 X 轴的旋转轴，B 轴是相对于 Y 轴的旋转轴，数控四轴联动机床由三个直线坐标轴 X 轴、Y 轴、Z 轴和一个旋转轴 A 轴或 B 轴组成，并且四个坐标轴可以在 CNC 的控制下同时协调运动进行加工。

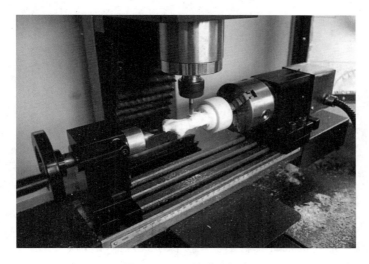

图 16-2　四轴联动机床

（2）五轴联动机床。

数控五轴联动机床是在铣床上增加两个旋转轴，这两个旋转轴是 A 轴、B 轴、C 轴的任意两个旋转轴的组合。从结构类型上看，数控五轴联动机床分为双摆台形式、双摆头形式、一摆台一摆头形式等，每种形式机床运动部件的运动方式不同。

双摆台形式机床的一个工作台做回转运动，另一个工作台做偏摆运动。回转工作台附加在偏摆工作台上，随偏摆工作台的运动而运动，运动方式如图 16-3 所示。通常回转工作台称为机床的第五轴，偏摆工作台称为机床的第四轴。双摆台形式的多轴数控加工机床的优点是主轴结构相对简单，刚性非常好，制造成本较低。但这种设置方式的工作台不能设计太小，承重也较小，特别是当 A 轴回转角度大于或等于 90°时，工件切削会给工作台带来很大的承载力矩。

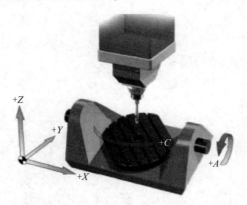

图 16 – 3 双摆台形式机床运动方式

双摆头形式机床的特点是摆动坐标驱动功率较小、工件装卸方便、坐标转换关系简单。其运动方式如图 16 – 4 所示。

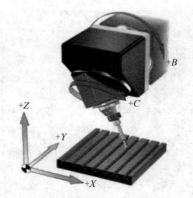

图 16 – 4 双摆头形式机床运动方式

一摆台一摆头形式机床的性能介于双摆台形式机床和双摆头形式机床之间，运动方式如图 16 – 5 所示。

图 16 – 5 一摆台一摆头形式机床运动方式

（3）数控多轴机床的加工特点。

①可以一次装夹完成多面、多方位加工，从而提高零件的加工精度和加工效率。

②多轴机床的刀轴可以随时根据工件状态调整、改变刀具或工件的姿态角，可以加工更加复杂的零件，如图 16-6 所示。

图 16-6   多轴加工工件

③具有较高的切削速度和较大的切削宽度，提高了切削效率和加工表面质量。

④应用多轴机床，可以简化刀具形状，降低刀具成本。

⑤多轴机床上应用的工件夹具较为简单。

2. 多轴机床操作面板介绍

1）四轴联动机床操作面板

要完成数控机床的操作，应熟练掌握数控机床数控系统的使用方法。图 16-7 所示为华中数控 HNC-818B 数控系统面板。本任务要求在熟悉数控系统面板的基础上，知道机床数控系统面板与机床控制面板各功能按键的含义，并掌握开机、原点回归、MDI 程序编辑、模拟加工、对刀等操作技术。

控制面板功能按键在"任务九"中已作介绍，但是四轴联动机床的对刀方法不同。四轴联动机床加工工件时，工件的右边装夹在三爪卡盘上，X 轴只试切工件的左边位置，记录两次数据；Y 轴试切工件的前后位置，分别记录一次数据；Z 轴用高度对刀仪进行对刀，记录两次数据，记录的数据必须减去工作台到三爪卡盘的高度。

2）五轴联动机床操作面板

数控五轴联动机床操作面板是机床上最重要的部件之一，通过操作面板可以对机

图 16－7 华中数控 HNC－818B 数控系统面板

床进行程序编程、加工参数设置、运行控制等。操作面板通常分为输入、显示和控制三大部分，图 16－8 所示为深圳时资科技发展有限公司生产的数控五轴联动机床 SZ－170，图 16－9 所示为该机床的数控系统面板。

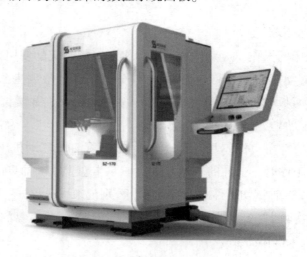

图 16－8　数控五轴联动机床 SZ－170

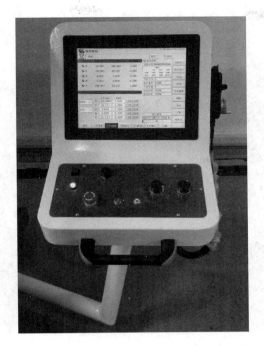

图 16 - 9　五轴联动机床 SZ - 170 数控系统面板

（1）主菜单界面说明。

主菜单界面分为加工界面、参数界面、程序界面、程序管理器界面、诊断界面、调试界面 6 个界面，各界面之间可通过主菜单按钮来回切换，如图 16 - 10 所示。

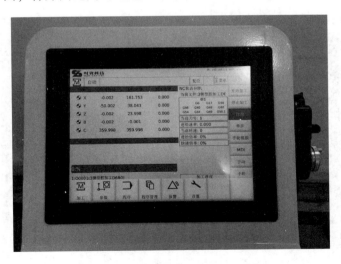

图 16 - 10　主菜单界面

（2）加工界面说明。

加工界面如图 16 - 11 所示，可分为 9 个区：当前界面标签和运行方式、报警信息行、系统复位和主菜单按钮、机床坐标显示区、当前执行的程序行、系统辅助功能显示区、加工进度和加工时间显示区、水平软键栏、垂直软键栏。

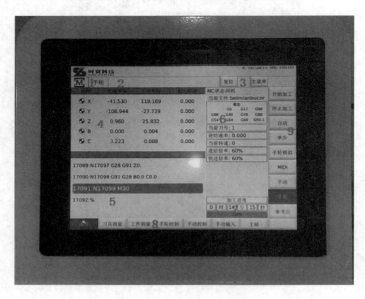

图16-11　加工界面

（3）程序界面和程序管理界面说明。

程序界面可切换到加工界面和程序管理界面，图16-12所示为程序管理界面，可分为6个区：当前程序名、当前打开的程序内容、垂直软键栏、跳转行号（显示程序跳行的起始行号）、断点寻回（显示程序自动搜寻断点的起始行号）、水平软键栏。

图16-12　程序管理界面

（4）参考点。

机床可以装配绝对的或增量的行程测量系统。配备增量行程测量系统的轴在打开控制系统之后必须返回参考点，配备绝对行程测量系统的轴不必返回参考点。在增量行程测量系统中，所有机床的轴必须首先返回参考点。

回参考点前必须确认各轴的正负限位是否有效，轴运行方向与读数是否正确。进入加工界面，单击"参考点"按钮，让系统查找参考点，此时系统会弹出对话框，需要回参考点则单击"确定"按钮，直到参考点动作查找成功标志出现，回参考点动作完成。不需要回参考点则单击"取消"按钮，机床不执行任何动作。回参考点界面如图 16 - 13 所示。

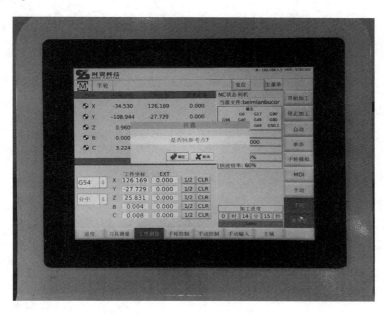

图 16 - 13　回参考点界面

（5）手轮模式。

手轮模式下，系统接收到手轮差分信号脉冲，根据当前选轴开关、倍率开关控制对应的轴按照脉冲数移动。手轮模式主要用于机床工件加工的对刀和位置调整。该模式可以通过手摇电子手轮的方式移动坐标轴进行对刀、设置零件加工原点，移动速度与电子手轮发出的脉冲频率成正比。手轮模式界面如图 16 - 14 所示。

操作步骤：首先单击"手轮控制"按钮，使系统进入手轮模式；然后将外部拨码开关拨到相对应的轴；最后拨选对应的倍率，摇动手轮即可观察到坐标变化和相对应轴的移动。

（6）手动控制模式。

手动控制模式可通过单击相对应轴的按钮使其移动，如图 16 - 15 所示。

操作步骤：单击"手动"按钮使系统进入手动模式；单击"低速""中速"或

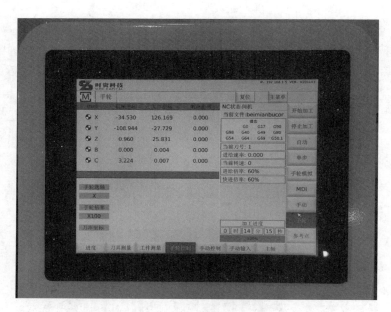

图 16 – 14　手轮模式界面

"高速"按钮；单击所选轴的方向，例如，"X +"表示往 X 轴正方向移动，"X –"表示往 X 轴负方向移动，取消单击则停止移动，每次只能操作一个按钮。

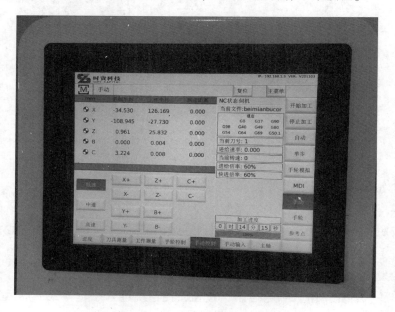

图 16 – 15　手动控制模式界面

（7）手动输入 MDI。

手动输入 MDI 界面如图 16 – 16 所示。

操作步骤：单击 MDI 按钮，使系统进入 MDI 模式；在 MDI 界面输入代码；单击

"开始加工"按钮或按外部的"程序启动"键。

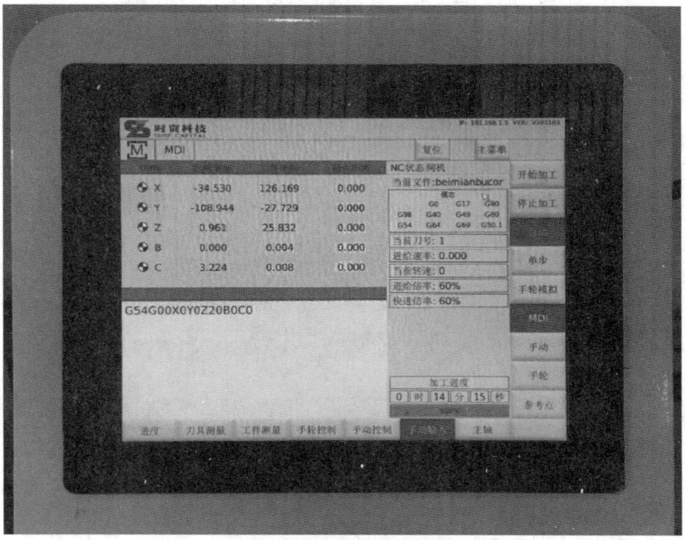

图 16-16　手动输入 MDI 界面

（8）主轴输入界面。

主轴按钮主要是控制主轴正转和停转。在"主轴转速"文本框中输入自定义的主轴转速，单击"正转"按钮，主轴转动；单击"停止"按钮，主轴停止转动，如图 16-17所示。例如，当主轴处于 5 000 r/min 正转状态时，在"主轴转速"文本框中输入10 000 并单击"正转"按钮，主轴转速增加到 10 000 r/min。

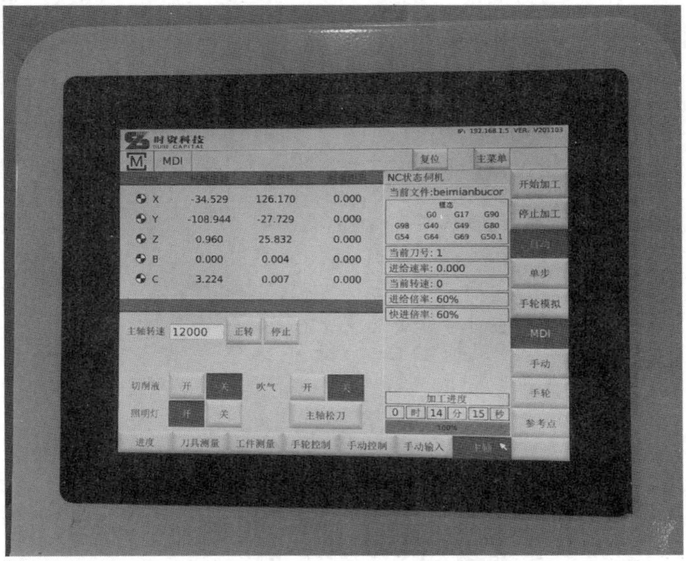

图 16-17　主轴输入界面

（9）单步模式。

首先单击"自动"按钮进入自动模式；然后单击"单步"按钮进入单步模式；最后单击"开始加工"按钮，执行一条代码，执行完毕后暂停，如此反复。取消单步运行模式时，系统进入程序暂停状态，需要单击"开始加工"按钮或按外部的"程序启动"键进入自动模式。单步模式界面如图 16 – 18 所示。

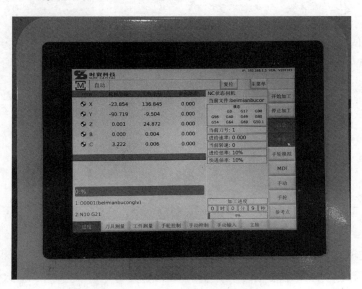

图 16 – 18　单步模式界面

（10）手轮模拟模式。

在自动模式下单击"手轮模拟"按钮，进入手轮模拟模式。单击"开始加工"按钮，系统接收到手轮脉冲执行程序，脉冲停止程序停止。手轮模拟模式界面如图 16 – 19 所示。

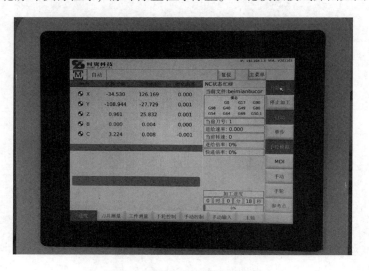

图 16 – 19　手轮模拟模式界面

（11）搜索字串功能。

该功能可以快速跳转到要搜索的字串。搜索字串功能界面如图 16-20 所示。

操作步骤：单击"搜索字串"按钮，系统弹出"请输入字串"对话框；输入要搜索的字串，单击"确定"按钮即可跳转到要搜索的字串。

图 16-20　搜索字串功能界面

（12）搜索行号功能。

该功能可以快速跳转到要搜索的行号，输入行号大于程序最大行号时，跳转到程序最后一行。搜索行号功能界面如图 16-21 所示。

操作步骤：单击"搜索行号"按钮，系统弹出"请输入行号"对话框；输入要搜索的行号，单击"确定"按钮即可跳转到要搜索的行。

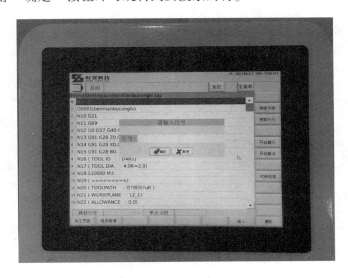

图 16-21　搜索行号功能界面

四轴机床
对刀操作

活动四　制订工作计划

1. 模具铣刀刀柄零件四轴加工工艺思路

在加工铣刀刀柄的四条排屑槽时，首先选取一个排屑槽作为编程对象，计算出粗加工和精加工刀路，然后分别将两种加工刀路绕工件轴线旋转复制出另外三条排屑槽的加工刀路。粗加工的目的是快速去除多余的材料，拟选用模型区域清除策略来计算刀路；精加工的目的是提高加工精度，拟选用模型轮廓策略来计算刀路。

2. 切削用量选择

制订本零件的切削用量，见表 16 - 1。

表 16 - 1　切削用量表

序号	刀具号	刀具名称	主轴转速/ ($r \cdot min^{-1}$)	进给率/ ($mm \cdot r^{-1}$)	背吃刀量/ mm	备注
1						
2						
3						
4						

3. 编程加工路线

粗加工第一个铣刀槽采用模型区域清除策略，其余的铣刀槽采用阵列方式；精加工第一个铣刀槽采用轮廓区域清除，其余的铣刀槽采用阵列方式。

（1）计算粗加工刀具路径。

（2）计算精加工刀具路径。

（3）旋转阵列粗加工、精加工刀具路径。

4. 编写零件加工程序

程序内容	程序说明

活动五　执行工作计划

完成表 16 - 2 中各操作流程的工作内容，并填写学习问题反馈。

表 16 - 2　工作计划表

序号	操作流程	工作内容	学习问题反馈
1	开机检查	检查机床→开机→低速热机→返回机床参考点（先回 X 轴，再回 Z 轴）	
2	工件装夹	自定心卡盘夹住工件一头，注意伸出长度	
3	刀具安装	依次安装刀尖圆角端铣刀	
4	对刀操作	采用试切法对刀，以保证零件的加工精度	
5	程序传输	将编写好的加工程序通过传输软件上传到数控系统中	
6	程序校验	锁住机床。调出所需加工程序，在"图形校验"功能下，实现零件加工刀具运动轨迹的校验	

序号	操作流程	工作内容	学习问题反馈
7	零件加工	运行程序，完成零件加工。选择单步运行模式，结合程序观察走刀路线和加工过程。粗加工后，测量工件尺寸，针对加工误差进行适当的补偿	
8	零件检测	用量具测量加工完成的零件	

活动六　考核与评价

1. 职业素养考核

职业素养考核包括操作规范和劳动教育，是贯穿整个任务的过程性考核，占任务总成绩的30%，具体考核内容见表16-3。

表16-3　职业素养考核表

考核项目		考核内容	配分/分	扣分/分	得分/分
加工前准备	纪律	服从安排、清扫场地等。违反一项扣1分	2		
	安全生产	正确着装、按规程操作等。违反一项扣1分	2		
	职业规范	机床预热，按照标准进行设备点检。违反一项扣1分	2		
加工操作过程	打刀	每打刀一次扣2分	6		
	文明生产	工具、量具、刀具定制摆放，工作台面整洁等。违反一项扣1分	6		
	违规操作	用砂布或锉刀修饰、锐边未倒钝或倒钝尺寸太大等未按规定操作的行为，扣1~2分	6		
加工结束后设备保养	清洁清扫	清理机床内部铁屑，确保机床表面各位置整洁；清扫机床周围卫生。违反一项扣1分	2		
	整理整顿	工具、量具的整理与定制管理。违反一项扣1分	2		
	设备保养	严格执行设备的日常点检工作。违反一项扣1分	2		
撞机床或工伤事故		发生撞机床或工伤事故，整个测评成绩记0分			
总分			30		

2. 零件加工质量考核

零件加工质量是零件产品合格的关键，具体评价指标见表16-4。

表 16-4　模具铣刀零件加工质量考核表

序号	检测项目	检测内容	检测要求	配分/分	学员 自测尺寸	教师评价	
						检测结果	得分/分
1	外轮廓尺	$\phi32 \pm 0.5$	超差不得分	20			
2	寸/mm	$\phi40 \pm 0.5$	超差不得分	20			
3	长度尺寸/mm	52 ± 0.5	超差不得分	10			
4		108.5 ± 0.5	超差不得分	10			
5		表面粗糙度	超差不得分	5			
6	其他	锐角倒钝	超差不得分	2			
7		去毛刺	超差不得分	3			
	总分			70			

活动七　总结与拓展

1. 任务实施情况分析

任务完成后，学生根据任务实施情况分析存在的问题及原因，并填写表 16-5，教师对项目实施情况进行点评。

表 16-5　任务实施情况分析表

任务实施过程	存在的问题	解决办法
机床操作		
加工程序		
加工工艺		
加工质量		
安全文明生产		

2. 总结

（1）装夹工件时，工件不宜伸出太长，伸出长度比加工零件长度长 10~15 mm。

（2）刀具安装时，刀具在刀架上的伸出部分要尽量短，以提高其刚性；另外车刀刀尖要与工件中心等高。

（3）对刀时，机床工作模式选用手轮模式，手轮倍率开关一般选择 ×10 或 ×1 的挡位。

（4）本任务提供的切削参数仅供参考，实际加工时应根据选用的设备、刀具的性能及实际加工过程的情况及时修调。

（5）熟练掌握量具的使用方法，提高测量精度。

（6）对刀时应先以精加工刀作为基准刀，以确保工件的尺寸精度。

任务十七　叶轮的编程与加工

活动一　明确工作任务

任务编号	十七	任务名称	叶轮的编程与加工
设备型号	HNC – 818B	工作区域	工程实训中心—五轴实训区
版本	FUNAC – 0i	建议学时	6
参考文件	数控车数控职业技能等级证书，SZ – 130 数控五轴联动加工中心操作说明书		
素养提升	1. 培养学生追求精益求精的工匠精神，引导学生建立正确的职业观和价值观 2. 激发学生的创新思维和创造力，培养学生的创新意识和创新能力 3. 引导学生树立安全意识 4. 引导学生建立团队协作意识，提高学生的团队协作能力 5. 培养学生爱岗敬业、热爱劳动、规范操作、严守流程的职业素养，提高团队协作能力		
1 + X 证书等级要求	1. 能够根据机械制图国家标准及叶轮零件图，正确识读叶轮零件的形状特征、零件加工精度、技术要求等信息 2. 能够根据工作任务要求和多轴机床操作手册，完成多轴机床坐标系的建立、多轴机床坐标节点的计算 3. 能够根据零件图、机械加工工艺文件及编程手册，完成叶轮零件数控加工程序的编写		

工具/设备/材料具体如下。

类别	名称	规格型号	单位	数量
工具	卡盘扳手		把	1
	刀架扳手		把	1
	加力杆		把	1
	内六角扳手		套	1
	活动扳手		把	1
	垫片		片	若干
	铁屑钩		把	1
	卫生清洁工具		套	1
量具	钢直尺	0 ~ 300 mm	把	1
	游标卡尺	0 ~ 200 mm	把	1

类别	名称	规格型号	单位	数量
刀具	D10 端铣刀		把	1
	D6R3 球头铣刀		把	1
	D4R2 球头铣刀		把	1
耗材	棒料（45 号钢）		根	按图样

1. 工作任务

如图 17-1 所示的叶轮，用 PowerMill 2020 编程软件完成叶轮的刀路编程并用五轴联动机床进行加工，毛坯为 $\phi 60$ mm × 40 mm 的铝棒。

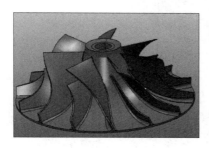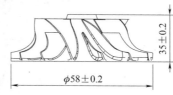

图 17-1　叶轮

2. 工作准备

（1）技术资料：工作任务书、教材、SZ-130 数控五轴联动加工中心操作说明书。

（2）工作场地：具有良好的照明、通风和消防设施等条件。

（3）工具、设备、材料：按"工具/设备/材料"栏目准备。

（4）教学方式：建议实施分组教学，2~3 人为一组，每组配备 1 台五轴加工中心。通过分组讨论完成零件的工艺分析及加工工艺方案设计，通过演示和操作训练完成零件的加工。

（5）劳动防护：正确穿戴劳保用品、工作服。

（6）耗材：各学校可根据实际情况选用尼龙棒代替。

活动二　思考引导问题

（1）如何进行叶轮的对刀？

（2）如何正确进行叶轮的编程及加工？

活动三　知识链接

1. 叶轮的构造

叶轮是压气机中的一类关键零件，如图 17-2 所示。压气机的作用是利用外界供给的机械能连续不断地将气体压缩并传输出去。气体经进气管进入叶轮，在叶片的作用下压力升高，速度增加。

图 17 - 2　叶轮

叶轮的加工要求有两点：一是气体流过叶轮的损失要小，即气体流过叶轮的速度要快；二是叶轮的结构合理，使整机性能的工况更加稳定。叶轮主要由轮毂曲面和叶片曲面两大部分组成。其中叶片曲面又由包裹曲面、压力曲面和吸力曲面组成，如图 17 - 3所示。

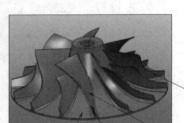

图 17 - 3　叶轮的组成

2. 叶轮的工艺分析

叶轮加工方面存在的困难：叶轮加工槽道较窄，叶片相对较长、刚度较低，属于薄壁类零件，加工过程极易变形；叶轮相邻叶片的空间极小，在清角加工时刀具直径较小，容易折断；叶轮叶片扭曲严重，加工时极易产生干涉等。

因此，叶轮整体加工一直是机械加工的难题。叶轮的整体毛坯形状一般是圆柱体的锻件，经过车削后形成锥台状，在两个大叶片之间有大量的材料需要去除。另外，为了使叶轮满足气动性的要求，叶片常采用大扭角、根部变圆角的结构，这也给叶轮的加工增加了难度。

根据叶轮的几何结构特征和使用要求，确定叶轮的基本加工工艺流程：①开粗；②中光；③叶片粗加工；④叶片精加工；⑤轮毂曲面精加工。

本任务中叶轮加工编程软件采用 PowerMill 2020。PowerMill 2020 软件具备丰富的刀具路径生成策略，专门针对叶轮、叶片和螺旋桨等零件的加工开发了一系列刀具路径模板策略，并能自动生成五轴联动粗加工和精加工刀具路径。编程步骤：先导入 3D 模型创建毛坯，将叶轮各组成要素放入相应图层中；再计算叶片粗加工刀具路径、精加工刀具路径和轮毂曲面精加工刀具路径；最后生成加工刀具路径。

3. 叶轮加工的操作步骤

（1）导入 3D 模型和创建毛坯。

将叶轮的 3D 模型导入 PowerMill 2020 编程软件，根据加工工艺完成加工坐标、安全平面、毛坯及刀具参数设置。毛坯是已经车削加工后的近似锥台状零件，可以用 CAD 软件设计出来，如图 17 - 4 所示。创建毛坯如图 17 - 5 所示，刀具采用如图 17 - 6 所示的球头铣刀 D6R3。

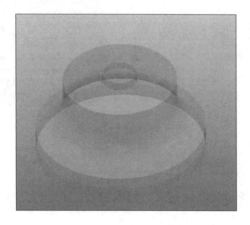

图 17 - 4　锥台状毛坯

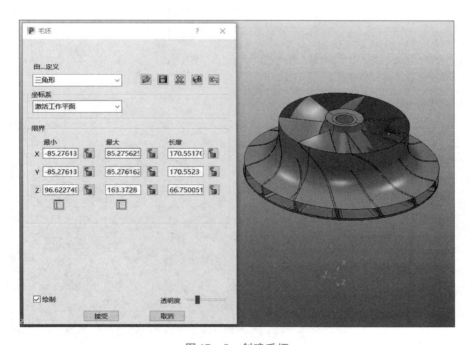

图 17 - 5　创建毛坯

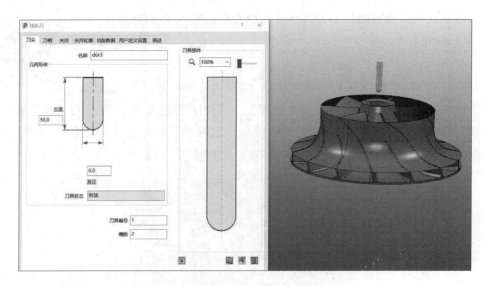

图 17 - 6   设置刀具参数

（2）将叶轮各组成要素放入相应的图层中。

将叶轮各要素的构成图素准确地放入相应的图层中，是计算叶片刀路的关键步骤，系统用图层将叶片各要素归类，如图 17 - 7 所示。

①创建轮毂图层，轮毂指的是叶轮的轮毂曲面。

②创建套曲面图层，套曲面指的是叶轮的包裹曲面。

③创建左翼叶片，左翼叶片指的是叶片的吸力曲面。

④创建右翼叶片，右翼叶片指的是叶片的压力曲面。

⑤创建分流叶片。

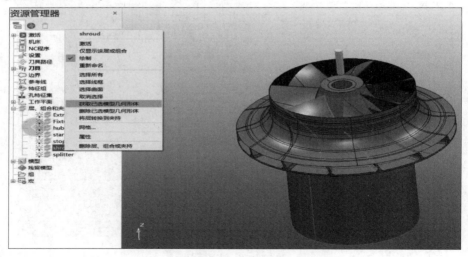

图 17 - 7   各组成要素放入相应的图层

（3）计算叶片粗加工刀具路径。

在"资源管理器"中，选择"刀具路径"策略，打开"策略选择器"对话框，选择"叶盘"下的"叶盘区域清除"策略，如图 17 – 8 所示，打开"叶盘区域清除"对话框并进行参数设置，如图 17 – 9 所示。

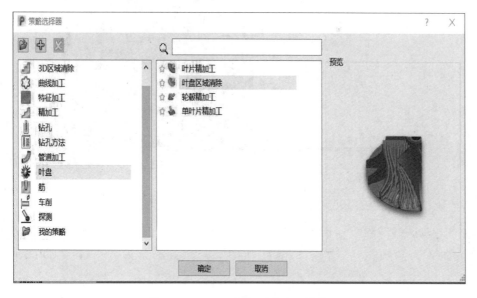

图 17 – 8　"叶盘区域清除"策略

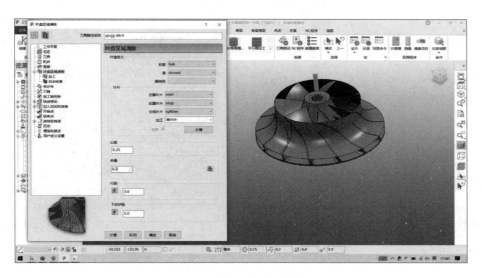

图 17 – 9　叶盘区域清除参数设置

在"叶盘区域清除"策略树中，选择"刀轴"策略，打开"刀轴"选项卡，设置"偏移法线"参数，如图 17 – 10 所示。

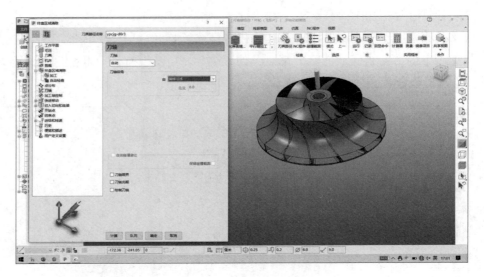

图 17 – 10　刀轴参数设置

　　在"叶盘区域清除"对话框中，选择"加工"策略，打开"加工"选项卡，设置"切削方向"为"顺铣"，"偏移"为"合并"，"方法"为"平行"，如图 17 – 11 所示。

图 17 – 11　加工参数设置

　　在"叶盘区域清除"对话框中，选择"切入切出和连接"策略，打开"连接"选项卡，设置连接的"第一选择"为"曲面上"，"第二选择"为"掠过"，"默认"为"掠过"，如图 17 – 12 所示。

学习笔记

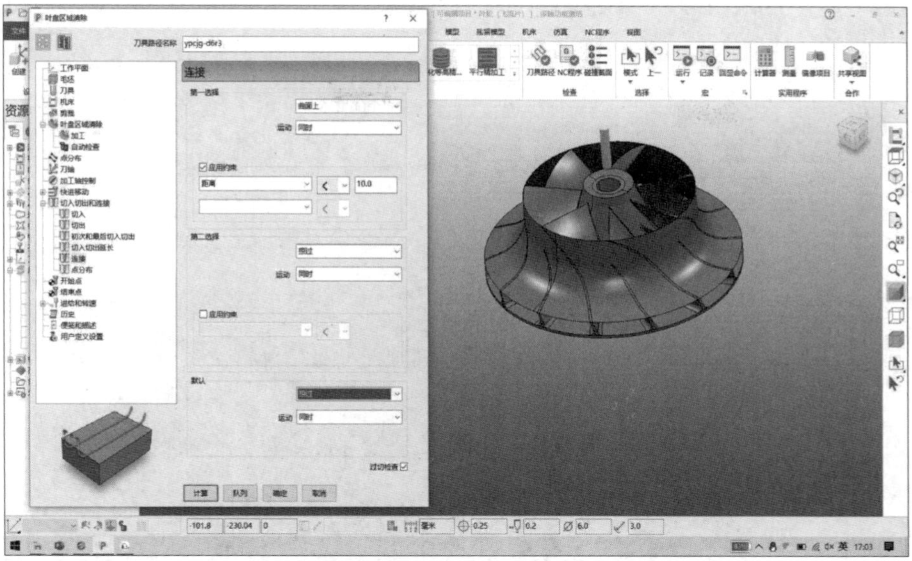

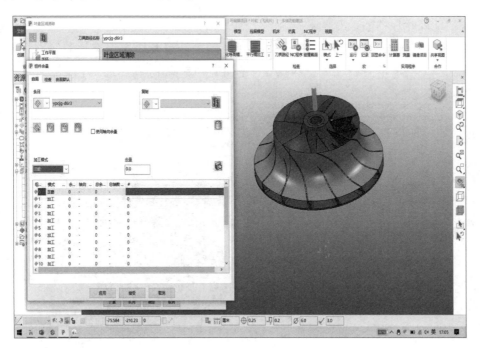

图 17-12　连接参数设置

在“资源管理器”中，选择“图层包裹曲面”策略，显示出包裹曲面。在“叶盘区域清除”对话框中，单击“组件余量”按钮，打开“组件余量”对话框，加工模式设置为“忽略”，如图 17-13 所示。

图 17-13　组件余量参数设置

单击"叶盘区域清除"对话框中的"计算"按钮，PowerMill 2020 编程软件即可计算出叶片粗加工的刀路，如图 17 - 14 所示。

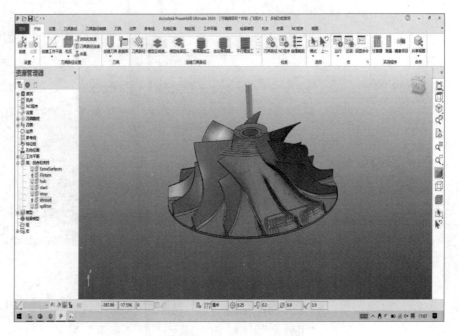

图 17 - 14　叶片粗加工刀路

（4）计算叶片精加工刀具路径。

在"资源管理器"中，选择"刀具路径"策略，打开"策略选择器"对话框，选择"叶盘"下的"叶片精加工"策略，如图 17 - 15 所示，打开"叶片精加工"对话框并进行参数设置，如图 17 - 16 所示。

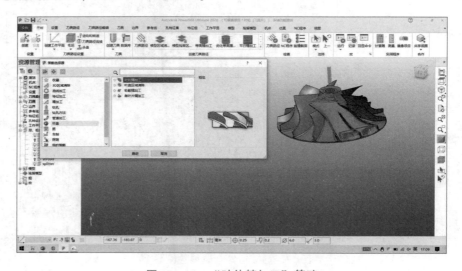

图 17 - 15　"叶片精加工"策略

学习笔记

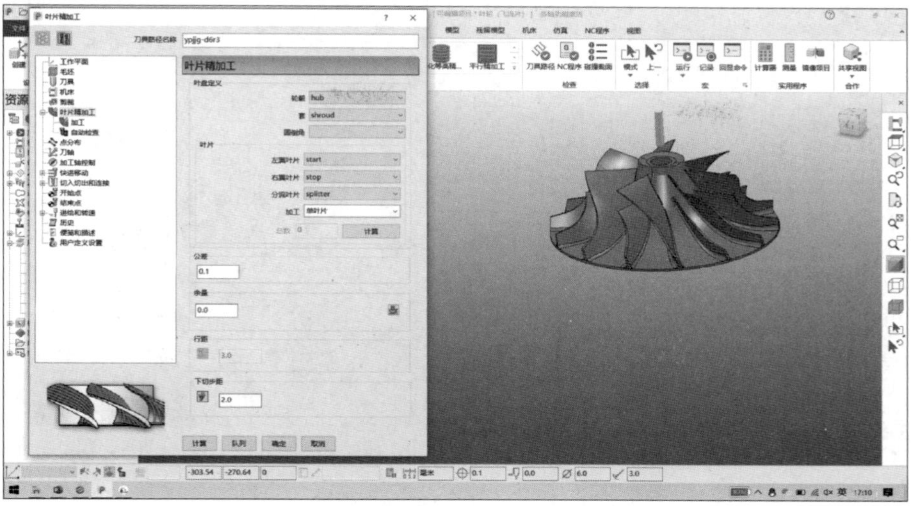

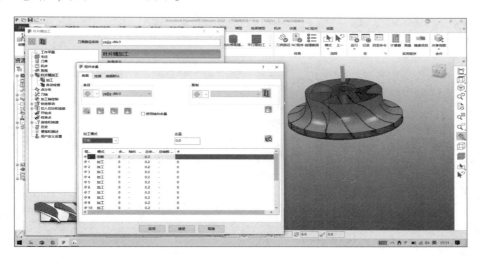

图 17－16　叶片精加工参数设置

在“资源管理器”中，选择“图层包裹曲面”策略，显示出包裹曲面。在“叶片精加工”对话框中，单击“组件余量”按钮，打开“组件余量”对话框，加工模式设置为“忽略”，如图 17－17 所示。

图 17－17　组件余量参数设置

单击“叶片精加工”对话框中的“计算”按钮，PowerMill 2020 编程软件计算出叶片精加工的刀路，如图 17－18 所示。

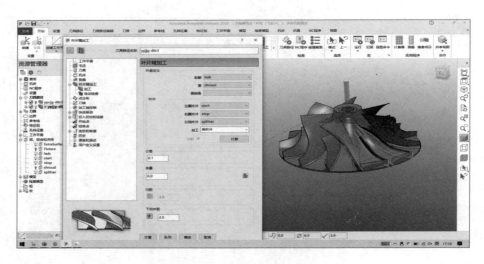

图 17 - 18　叶片精加工刀路

在"叶片精加工"对话框中，选择"刀具路径连接"策略，打开"刀具路径连接"对话框，进入"移动和间隙"选项卡，设置"自动延长"参数的最大长度为5.0，如图 17 - 19 所示。

图 17 - 19　移动和间隙参数设置

在"刀具路径连接"对话框中，单击"切入"标签，打开"切入"选项卡，设置切入的"第一选择"为"延长移动"，长度为5.0，"第二选择"为"无"，如图17-20所示。单击"叶片精加工"对话框中的"计算"按钮，PowerMill 2020编程软件计算出叶片精加工的刀路。

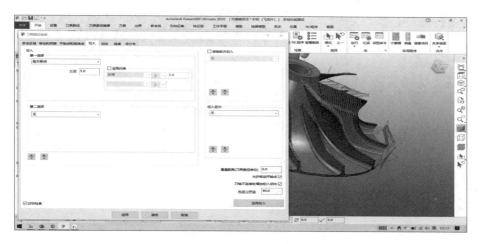

图17-20 切入参数设置

（5）计算轮毂曲面精加工刀具路径。

在"资源管理器"中，选择"刀具路径"策略，打开"策略选择器"对话框，选择"叶盘"下的"轮毂精加工"策略，如图17-21所示，打开"轮毂精加工"对话框并进行参数设置，如图17-22所示。

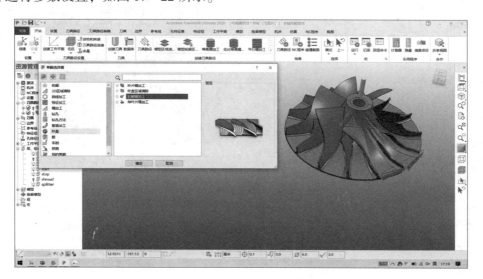

图17-21 "轮毂精加工"策略

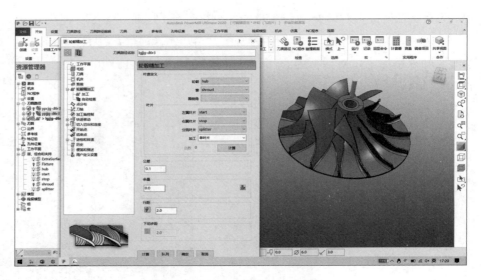

图 17-22 轮毂精加工参数设置

在"轮毂精加工"对话框中，选择"刀轴"策略，打开"刀轴仰角"选项卡，设置"轮毂法线"参数，如图 17-23 所示。

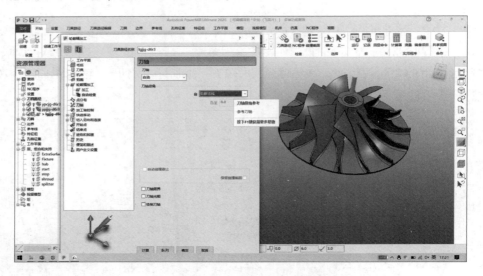

图 17-23 轮毂法线参数设置

在"资源管理器"中，选择"图层包裹曲面"策略，显示出包裹曲面。在"叶片精加工"对话框中，单击"组件余量"按钮，打开"组件余量"对话框，加工模式设置为"忽略"，如图 17-24 所示。

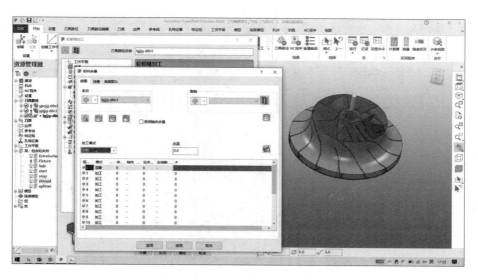

图 17 - 24　组件余量参数设置

单击"轮毂精加工"对话框中的"计算"按钮，PowerMill 2020 编程软件计算出轮毂精加工的刀路，如图 17 - 25 所示。刀路切入切出的问题，可通过编辑快进高度进行修改。

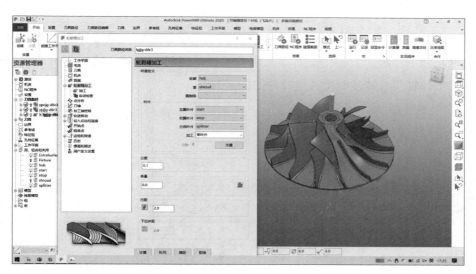

图 17 - 25　轮毂精加工刀路 1

在"轮毂精加工"对话框中，选择"快进移动"策略，打开"快进移动"选项卡，将"安全区域"选项区域中的"类型"设置为"圆柱"，"方向" Z 轴设置为 1.0，如图 17 - 26 所示。

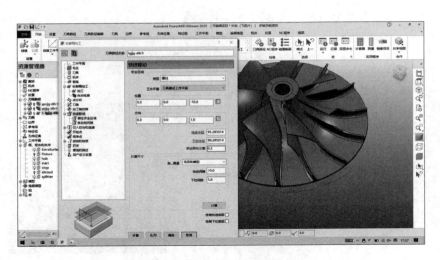

图 17-26　轮毂精加工刀路 2

在 PowerMill 2020 编程软件菜单栏中，选择"文件"→"保存"命令，保存该项目文件。

活动四　制订工作计划

1. 叶轮零件五轴加工工艺思路

加工叶片曲面和轮毂曲面时，宜选取单个叶片曲面和轮毂曲面作为编程对象，首先计算出粗加工、精加工和轮毂曲面加工刀路，然后将粗加工、精加工和轮毂曲面加工刀路绕工件轴线旋转复制出其他叶片的加工刀路。

2. 切削用量选择

制订本零件的切削用量，见表 17-1。

表 17-1　切削用量表

序号	刀具号	刀具名称	主轴转速/ $(r \cdot min^{-1})$	进给率/ $(mm \cdot r^{-1})$	背吃刀量/ mm	备注
1						
2						
3						
4						
5						

3. 绘制加工路线

单个叶片采用叶片粗加工、叶片精加工和轮毂曲面精加工，其余的叶片采用阵列方式。

（1）计算叶片粗加工刀具路径。

（2）计算叶片精加工刀具路径。

（3）计算轮毂精加工刀具路径。

（4）旋转阵列粗加工、精加工和轮毂曲面精加工刀具路径。

4. 编写零件加工程序

程序内容	程序说明

活动五　执行工作计划

完成表 17 – 2 中各操作流程的工作内容，并填写学习问题反馈。

叶轮的加工

表 17 – 2　工作计划表

序号	操作流程	工作内容	学习问题反馈
1	开机检查	检查机床→开机→低速热机→返回机床参考点（先回 X 轴，再回 Z 轴）	
2	工件装夹	自定心卡盘夹住工件一头，注意伸出长度	
3	刀具安装	依次安装刀尖圆角端铣刀	
4	对刀操作	采用试切法对刀，以保证零件的加工精度	
5	程序传输	将编写好的加工程序通过传输软件上传到数控系统中	
6	程序校验	锁住机床。调出所需加工程序，在"图形校验"功能下，实现零件加工刀具运动轨迹的校验	
7	零件加工	运行程序，完成的零件加工。选择单步运行，结合程序观察走刀路线和加工过程。粗加工后，测量工件尺寸，针对加工误差进行适当的补偿	
8	零件检测	用量具测量加工完成的零件	

活动六 考核与评价

1. 职业素养考核

职业素养考核包括操作规范和劳动教育，是贯穿整个任务的过程性考核，占任务成绩的30%，具体考核内容见表17-3。

表17-3 职业素养考核表

考核项目		考核内容	配分/分	扣分/分	得分/分
加工前准备	纪律	服从安排、清扫场地等。违反一项扣1分	2		
	安全生产	正确着装、按规程操作等。违反一项扣1分	2		
	职业规范	机床预热，按照标准进行设备点检。违反一项扣1分	2		
加工操作过程	打刀	每打刀一次扣2分	6		
	文明生产	工具、量具、刀具定制摆放，工作台面整洁等。违反一项扣1分	6		
	违规操作	用砂布或锉刀修饰、锐边未倒钝或倒钝尺寸太大等未按规定操作的行为，扣1~2分	6		
加工结束后设备保养	清洁清扫	清理机床内部铁屑，确保机床表面各位置整洁；清扫机床周围卫生。违反一项扣1分	2		
	整理整顿	工具、量具的整理与定制管理。违反一项扣1分	2		
	设备保养	严格执行设备的日常点检工作。违反一项扣1分	2		
撞机床或工伤事故		发生撞机床或工伤事故，整个测评成绩记0分			
总分			30		

2. 零件加工质量考核

零件加工质量是零件产品合格的关键，具体评价指标见表17-4。

表17-4 叶轮零件加工质量考核表

序号	检测项目	检测内容	检测要求	配分/分	学员自测尺寸	教师评价	
						检测结果	得分/分
1	外轮廓尺寸/mm	$\phi 58 \pm 0.2$	超差不得分	20			
2		$\phi 35 \pm 0.2$	超差不得分	20			
3	叶片均匀分布	左翼叶片	超差不得分	7			
4		右翼叶片	超差不得分	7			
5		分流叶片	超差不得分	7			

序号	检测项目	检测内容	检测要求	配分/分	学员自测尺寸	教师评价	
						检测结果	得分/分
6	其他	表面粗糙度	超差不得分	4			
7		锐角倒钝	超差不得分	2			
8		去毛刺	超差不得分	3			
总分				70			

活动七　总结与拓展

1. 任务实施情况分析

任务完成后，学生根据任务实施情况分析存在的问题及原因，并填写表17-5，教师对项目实施情况进行点评。

表17-5　任务实施情况分析表

任务实施过程	存在及问题及原因	解决办法
机床操作		
加工程序		
加工工艺		
加工质量		
安全文明生产		

2. 总结

（1）装夹工件时，工件不宜伸出太长，伸出长度比加工零件长度长 10~15 mm。

（2）刀具安装时，刀具在刀架上的伸出部分要尽量短，以提高其刚性；另外车刀刀尖要与工件中心等高。

（3）对刀时，机床工作模式选用手轮模式，手轮倍率开关一般选择 ×10 或 ×1 的挡位。

（4）本任务提供的切削参数仅供参考，实际加工时应根据选用的设备、刀具的性能及实际加工过程的情况及时修调。

（5）熟练掌握量具的使用方法，提高测量精度。

（6）对刀时应先以精加工刀作为基准刀，以确保工件的尺寸精度。

任务十八　五轴机床的编程与加工

活动一　明确工作任务

任务编号	十八	任务名称	五轴机床的编程与加工
设备型号	SZ – 170	工作区域	工程实训中心—五轴实训区
版本	Star100 – E5	建议学时	6
参考文件	数控车数控职业技能等级证书，SZ – 170 数控五轴联动加工中心操作说明书		
素养提升	1. 严格遵守安全和文明生产规范、车间制度和劳动纪律 2. 着装规范（穿着工作服、劳保鞋），不携带与生产无关的物品进入车间 3. 遵守实训现场工具、量具和刀具等相关物料的定制化管理要求 4. 培养学生增强民族自信心，树立爱岗敬业、热爱劳动的高尚品德，规范操作流程，提高团队协作能力		
职业技能等级证书要求	1. 能够掌握五轴机床的基本操作方法 2. 能够掌握五轴机床编程与加工的基本步骤 3. 能够将编写好的程序输入数控系统，并进行加工操作		

工具/设备/材料具体如下。

类别	名称	规格型号	单位	数量
工具	卡盘扳手		把	1
	刀架扳手		把	1
	加力杆		把	1
	内六角扳手		套	1
	活动扳手		把	1
	垫片		片	若干
	铁屑钩		把	1
	卫生清洁工具		套	1
量具	钢直尺	0 ~ 300 mm	把	1
	游标卡尺	0 ~ 200 mm	把	1
刀具	D10 端铣刀		把	1
耗材	棒料（45 号钢）		根	按图样

1. 工作任务

图 18 – 1 所示为深圳时资科技发展有限公司生产的数控五轴联动机床 SZ – 170，请

说出五轴机床编程与加工的基本步骤。

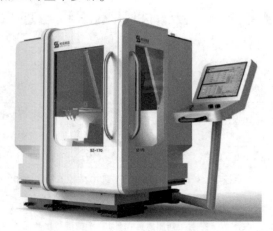

图18-1　数控五轴联动机床 SZ-170

2. 工作准备

（1）技术资料：工作任务书、教材、SZ-170数控五轴联动加工中心操作说明书。

（2）工作场地：具有良好的照明、通风和消防设施等条件。

（3）工具、设备、材料：按"工具/设备/材料"栏目准备。

（4）教学方式：建议实施分组教学，2或3人为一组，每组配备1台五轴加工中心。通过分组讨论完成零件的工艺分析及加工工艺方案设计，通过演示和操作训练完成零件的加工。

（5）劳动防护：正确穿戴劳保用品、工作服。

（6）耗材：各学校可根据实际情况选用尼龙棒代替。

活动二　思考引导问题

（1）什么是五轴机床？

（2）五轴机床各部分有什么功能？

（3）五轴机床的编程与加工步骤是什么？

活动三　知识链接

1. 五轴数控机床坐标系

五轴数控机床的基本坐标轴。五轴数控机床通常是指具有五轴联动加工的机床，五轴数控机床除了和三轴数控机床一样有三个线性坐标轴（X轴、Y轴、Z轴）外，还增加了两个做旋转运动的旋转轴。

为简化编程和保证程序的通用性，国际标准化组织（ISO）对数控机床的坐标轴和方向命名制定了统一的标准。标准规定直线进给坐标轴用X、Y、Z表示，通常称为基本坐标轴；围绕 X、Y、Z 轴旋转的圆周进给坐标轴分别用 A、B、C 表示，通常称为旋转坐标轴。机床坐标轴的方向取决于机床的类型和各组成部分的布局。X、Y、Z 坐标轴的相互关系由右手笛卡儿法则决定，如图 18 - 2 所示。

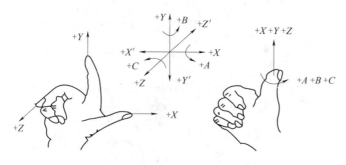

图 18 - 2　右手笛卡儿法则

2. 五轴数控机床的类型和特点

五轴数控机床（加工中心）按两个旋转轴的分布形式分类，有三种常见基本结构。

（1）双转台五轴联动数控机床。

图 18 - 3 所示为双转台五轴联动数控机床模型。图中 X、Y、Z 轴是三个线性移动轴，做直线运动，另外两个旋转轴使工作台做旋转运动。其中旋转轴 A 围绕 X 轴旋转（也可以是旋转轴 B 围绕 Y 轴旋转），它的旋转平面是 YZ 平面；旋转轴 C 围绕 Z 轴旋转，它的旋转平面是 XY 平面，这样的结构构成了双转台五轴联动数控机床。

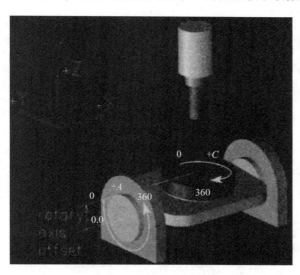

图 18 - 3　双转台五轴联动数控机床模型

（2）单转台单摆头五轴联动数控机床。

图 18 - 4 所示为单转台单摆头五轴联动数控机床模型，除了三个直线轴外，另外

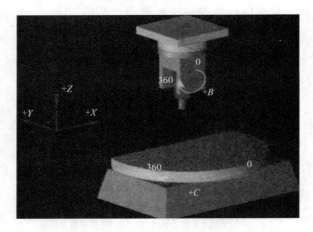

图18-4 单转台单摆头五轴联动数控机床模型

图18-4所示的模型定义了单转台单摆头五轴联动数控机床五个坐标的关系，X、Y、Z轴是三个线性移动轴，即工作台的直线运动。同样定义旋转轴的正方向是刀具移动的方向，而非工作台（或工件）移动的方向。旋转轴B围绕线性Y轴旋转，旋转平面是XZ平面；旋转轴C围绕线性Z轴旋转，旋转平面是XY平面。

（3）双摆头五轴联动数控机床。

这种结构的机床旋转运动轴都是主轴，图18-5所示的模型定义了双摆头五轴联动数控机床五个坐标的关系，图中X、Y、Z轴是三个做直线运动的线性移动轴，B、C轴是两个绕主轴旋转摆动的旋转轴。旋转轴的正方向是刀具移动的方向，而非工作台（或工件）移动的方向。旋转轴B轴围绕线性轴Y旋转，旋转平面是XZ平面；旋转轴C围绕线性Z轴旋转，旋转平面是XY平面。两个旋转轴结合为一个整体构成双摆头结构。

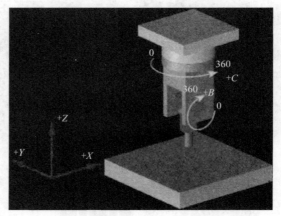

图18-5 双摆头五轴联动数控机床模型

3. 五轴数控编程与加工

（1）五轴数控机床加工的分类。

在使用五轴数控机床加工时，机床刀轴不再是垂直于某一个固定平面，而是根据加工需要，有时定位成一定的夹角，有时为连续改变的夹角。五轴数控机床加工可分为以下三种。

①五轴定向加工：一个或两个旋转轴定位成一定的角度，三个直线轴按照单轴、两轴联动或三轴联动的方式加工。

②五轴联动加工：两个旋转轴和三个直线轴同时联动加工，且两个旋转轴姿态角在随时发生变化的加工方式。

③两轴、三轴、四轴联动加工：两个旋转轴中的一个轴固定姿态角，另外一个轴的姿态角和三个直线轴配合的加工方式。

一般而言，当数控加工增加了旋转运动之后，刀心坐标位置和刀尖点坐标位置的计算就会变得复杂。因为此时不仅要计算刀具的三个线性坐标位置，还要计算旋转角或摆动角的位置，更要考虑由于旋转或摆动带来的线性坐标位置补偿。

多轴编程不仅要考虑零件的粗、精加工工艺，还要合理控制刀具轴线，合理安排刀具路径。由于旋转轴（或摆动轴）的存在，多轴编程要综合考虑机床结构、刀具轨迹和后处理配置情况，多轴刀具轨迹后处理还要考虑机床各个坐标轴的运动学关系，同时还要特别注意加工过程中的干涉现象。多轴加工需要合理选择，并不是所有的三轴加工都适合用多轴加工代替。学习和掌握多轴加工技术对数控应用技术人员的技术水平要求更高。

（2）五轴数控编程与加工的步骤。

与三轴数控加工可以采用手工编程不同，多轴加工特别是五轴加工，基本上都是使用 CAD/CAM 软件来完成。五轴数控加工的过程一般都要经过以下几个步骤。

①根据零件的特点、机床的配置及对刀具的要求，考虑使用三维 CAD/CAM 设计建立零件模型。这样的软件很多，如 Cimatron、Mastercam、UG、PowerMill 等。

②选择 CAD/CAM 软件的加工方法时，需充分考虑零件本身的形状、精度要求及刀具的类型和尺寸，在软件中得到每一个加工策略的刀具路径。

③根据使用机床的数控系统，选择或建立适合的后置处理器，输出刀具路径，得到 NC 程序，完成编程任务。

④调入程序，把计算机完成的 NC 程序，通过 USB 接口、通信串口或网络接口，传入机床数控系统。若机床的内存不够存储 NC 程序，可以直接接入 U 盘或 CF 卡。

⑤把毛坯装夹到机床工作台上。如果是单件加工，可以用普通的压板固定，使用打表来校准工件的方位；如果是批量加工，应先制作专用夹具，以节省装夹时间、提高产品的一致性。

⑥建立工件坐标系。根据数控机床是否具有 RTCP 功能，五轴数控机床坐标系的原

点设置有两种情况。为保证从 CAM 得到正确的程序，五轴数控机床工件坐标系原点的设置比三轴数控加工复杂，既要考虑刀具长度，又要考虑后置处理的设置等因素，这一点在后续章节中单独介绍。

⑦在数控系统中设置参数，如刀具长度补偿等。

⑧自动加工。自动加工完成后，根据零件完成的情况，确定是否要调整姿态角，重新生成程序等来达到需要的效果。

活动四　制订工作计划

在企业生产车间或学校实训工场，选定若干台五轴数控机床，对其结构进行观察，说出该机床的结构名称，说出五轴机床编程与加工的步骤。

活动五　执行工作计划

1. 分析五轴机床的结构

观察机床外表，查看型号标志，参阅机床技术文件，说出机床型号的含义，以及机床的最高转速、最大进给量、可加工零件的最大直径等参数。

完成上述学习任务后，按要求填写表 18-1。

表 18-1　五轴机床认识表

机床型号			机床类型	
机床主要结构分析				
序号	部件名称		主要特点与功能	
1				
2				
3				
4				
5				
6				
7				

2. 编写编程与加工步骤

了解五轴机床编程与加工的具体步骤，按要求填写表 18-2。

表 18-2　五轴机床编程与加工的具体步骤

序号	步骤名称	具体内容
1		
2		

序号	步骤名称	具体内容
3		
4		
5		
6		
7		
8		

活动六　考核与评价

根据本任务的学习内容及学习要求，结合实际掌握情况，填写表 18 - 3 。

表 18 - 3　五轴机床编程与加工学习任务评价表

评价要素	配分/分	自评/分	互评/分	师评/分
能通过查阅技术手册识读机床型号	10			
能说出五轴机床与三轴机床的区别	15			
能说出五轴机床编程与加工的步骤	25			
会查阅机床技术文件	20			
能准确找到五轴机床的主要技术参数	20			
遵守课堂纪律、安全文明生产要求	10			
总分	100			

活动七　总结与拓展

1. 总结

（1）各小组根据展示的结论，对其他小组进行点评。

（2）各组讨论本次任务的完成情况，并写出心得体会。

2. 拓展学习

观察生产现场或实训工场的五轴机床，查阅技术资料，进行工件的装夹与对刀。